KB162956

별걸 다 가르쳐주는
**구쌤의 일대일
커피 수업**

별걸 다 가르쳐주는

구쌤의 일대일
커피 수업

구대회 지음

황소걸음
Slow & Steady

요즘 방송에서 저를 보거나 제 책을 읽은 분들이 커피를 배우고 싶다는 연락을 많이 합니다. 코로나19 팬데믹 때문이기도 하지만, 개인 수업을 위해 시간을 낼 수 없어 요청을 정중히 거절하면서 마음이 참 무겁습니다. 이 문제를 해결할 방법을 고심하다가 저와 일대일로 수업하는 형식을 빌려 책을 쓰면 어떨까 생각했습니다. 《구쌤의 일대일 커피 수업》이 세상에 나온 이유입니다.

이 책은 크게 커피 강의, 식품위생법, 바리스타 자격시험 연습 문제와 답안 해설로 구성됩니다. 주요 내용은 저와 가상의 학생이 총 41차례 수업을 진행하는 것입니다. 강의마다 학습 목표와 정리, 숙제가 있어 다음 강의 전에 예습·복습할 수 있도록 꾸몄습니다.

강의는 6장으로 나뉩니다. 1장 '원두 바로 알기'는 생두부터 원두의 선택, 그라인더에 대한 이해와 사용 등으로 구성했습니

다. 2장 '에스프레소와 머신'은 에스프레소의 기본적인 이해와 더불어, 추출과 물 관리에 대한 내용입니다. 3장 '핸드 드립 다시 배우기'는 핸드 드립 기초부터 실전 연습까지 다뤄, 핸드 드립 카페를 준비하는 분이라면 눈여겨봐야 합니다. 4장 '커피 메뉴 정리하기'는 우리가 흔히 접하는 커피 메뉴를 이해하고, 새로운 메뉴를 만들 때 주의해야 할 점을 다룹니다. 5장 '바리스타 바로 세우기'에서는 바리스타로서 어떤 꿈을 꾸고 성장할 수 있는지 함께 고민합니다. 6장 '고객 바로 알기'는 고객을 대하는 태도부터 클레임이 발생했을 때 해결 방법까지 정리했습니다.

7장 '꼭 알아야 할 식품위생법'은 음식점이나 식품 제조업을 하는 데 필요한 주요 식품위생법과 식품위생법 법령 유권해석을 다뤘습니다. 주요 식품위생법 내용으로는 카페를 열기 위해 필요한 영업 신고, 유통기한 위반 시 처벌, 영업정지 등의 처분에

갈음해 부과하는 과징금까지 정리했습니다. 8장 '바리스타 자격시험 연습 문제와 답안 해설'은 바리스타 자격시험을 준비하는 분이라면 꼼꼼히 풀어볼 것을 당부합니다. 카페에서 일하며 겪는 원두와 기계의 문제 해결 방법도 다뤘으니, 바리스타 자격시험을 볼 생각이 없거나 이미 본 분이라도 읽어보면 적잖이 도움이 될 것입니다.

이 책은 세상에서 가장 편히 읽히고 이해하기 쉽게 쓰려고 노력했습니다. 술술 읽힌다고 한 번 읽고 말면 별 도움이 되지 않을 수 있습니다. 내 것으로 만들기 위해서는 여러 번 읽고 행동으로 옮겨야 합니다. 맛있는 커피를 만들고 카페를 잘 운영하기 위해서라면 더욱더 그렇습니다.

이 책이 나오기까지 여러 분께 신세 지고 도움을 받았습니다. 우선 책의 기획부터 출간까지 아낌없이 도와주신 도서출판 황소걸음 관계자분들께 심심한 감사의 말씀을 드립니다. 어릴 적부터 지금까지 부족한 저를 위해 응원하고 기도해준 형 구의회와 형수 조윤희, 여동생 구민찬에게 고마움을 전합니다.

'내 인생의 첫 카페'를 꿈꾸고 준비하는 모든 분께 이 책을 드립니다.

2021년 가을
구대회

차 례

3장_ 핸드 드립 다시 배우기

4장_ 커피 메뉴 정리하기

1장

원두 바로 알기

1강

생두와 원두

[학습 목표]
생두와 원두의 차이, 커피 산지와 생육조건, 생두가 원두가 되는 과정인
로스팅에 대해서 이해하고 설명할 수 있다.

구쌤　안녕하세요? 연희 님을 바리스타의 세계로 안내할
구대회입니다. 오늘은 첫 수업이니 가벼운 내용으로 시작하
죠. 연희 님은 생두와 원두의 차이를 정확하게 설명할 수 있
나요?

연희　너무하시네요. 그렇게 쉬운 질문을 하시다니….

구쌤　죄송합니다. 간혹 생두와 원두를 섞어 쓰는 사람들이
있어서요. 커피 산지의 원두 값 상승으로 프랜차이즈 커피 값
이 오를 거라는 언론 기사가 대표적이죠. 생두生豆, green bean
는 볶지 않은 커피콩coffee bean˙입니다. 우리말로 하면 날콩이

에요. 반면에 원두原豆, whole bean는 볶은 뒤 분쇄하지 않아 원래 모양 그대로인 커피콩을 뜻합니다.

연희 겉봉투에 작은 글씨로 '그라운드 빈ground bean'이라고 표기된 커피는 뭔가요?

구쌤 ground는 '빻은' '가루로 만든'이란 뜻이에요. 즉 그라운드 빈은 분쇄한 원두죠.

연희 바로 마실 때 사야겠네요?

구쌤 그렇습니다. 분쇄하면 아무리 밀봉을 잘해도 빠르게 산패하니까요. 바로 마실 게 아니라면 분쇄하지 않은 '홀 빈 whole bean'을 구입하는 게 좋습니다.

연희 뜬금없는 질문이긴 한데요, 우리나라에서도 커피나무가 자란다는 기사를 본 적이 있어요. 커피나무는 열대지방에서 자라는 것으로 아는데, 생육조건이 따로 있나요?

구쌤 커피나무는 적도를 기준으로 북위 23.5°와 남위 23.5° 사이에 있는 열대 지역에서 기온과 강수량, 해발고도 등이 맞아야 자랄 수 있어요. 로부스타robusta는 아라비카arabica에 비해 생육조건이 덜 까다롭지만, 그래도 해발 700m 안팎에 강수량 2000~3000mm, 기온 24~30℃가 돼야 합니다. 우리나라는 겨울이 있어 노지에서는 안 되고, 온실에서 재배하죠. 커

---

* 커피콩은 식물학적으로 콩이 아니며, 관습적으로 부르는 명칭이다.

피나무는 특히 서리에 취약해요. 서리를 맞으면 잎이 말라 죽어 여러 해 동안 열매를 맺지 못합니다. 한 해 농사가 아니라 여러 해 농사를 망치는 셈이죠.

연희 기후변화로 남부 지방에서 바나나를 재배한다고 하던데, 언젠가 우리나라도 노지에서 커피나무가 자라는 날이 오겠네요?

구쌤 우리나라에서 커피나무가 자라지 못해도 좋으니, 기후변화가 더 진행되지 않기를 바랍니다. 기후변화는 커피 산지에 나쁜 영향을 미칠 뿐만 아니라, 인류의 생존을 위협하는 문제예요. 이야기가 너무 심각하게 흘렀네요. 커피 이야기로 돌아갑시다.

연희 인스턴트커피에 로부스타를 쓴다고 하던데, 아라비카는 좋은 커피고 로부스타는 좀 떨어지는 커피인가요?

구쌤 인스턴트커피에 로부스타를 많이 쓰는 이유는 아무래도 저렴하기 때문이에요. 아라비카가 로부스타보다 쓴맛이 덜하고 풍미가 좋은 종은 맞지만, 로부스타 가운데 품질이 뛰어난 커피도 있어요. 블렌딩blending*할 때 맛을 내기 위해 로부스타를 넣기도 합니다.

연희 제 친구 하나가 원두를 수망으로 볶아서 커피를 즐기

---

* 좋은 맛과 향을 얻기 위해 서로 다른 원두를 적당한 비율로 섞는 일.

생두

원두

는데요, 로스팅roasting에 대해 알고 싶어요.

　구쌤　원두가 아니라 생두를 볶는 거죠.

　연희　앗! 그러네요.

　구쌤　로스팅이란 생두를 본인이 원하는 정도로 볶는 일련의 과정을 말합니다. 화력이 직접 생두에 닿는지 그렇지 않은지에 따라 직화식과 열풍식으로 나누고, 볶음도에 따라서도 분류할 수 있어요. 생두에 따라 적당한 볶음도가 있지만, 볶음도가 높을수록 쓴맛이 강해지고 낮을수록 신맛(산미酸味)이 강해진다는 점을 기억해야 해요.

연희 생두에 따라 신맛이 매력적인 것은 약하게 볶고, 쓴맛이 매력적인 것은 좀 더 강하게 볶으라는 말씀인가요? 저는 예가체프는 중간 볶음이 좋고, 만델링은 강 볶음이 입에 맞던데요.

구쌤 그렇죠. 생두 고유의 맛은 어쩌지 못하지만, 볶음도를 조절해서 원하는 맛을 강조할 수 있어요. 오늘 생두와 원두에 대해서 배웠는데, 좀 도움이 됐나요?

연희 네, 막연하게 알고 있는 내용을 구체적으로 배워서 좋았어요.

정리 | 생두는 볶지 않은 커피콩, 원두는 볶은 커피콩이다. 볶은 뒤 분쇄한 것을 그라운드 빈, 분쇄하지 않은 것을 홀 빈이라고 한다. 커피나무는 생육조건이 까다로워 우리나라 노지에서는 자라지 못한다. 로스팅은 생두를 볶아 원두로 만드는 과정이며, 볶음도에 따라 커피 맛이 달라진다.

숙제 | 평소 본인이 즐기는 원두의 종류와 그 이유를 생각해 오세요.

커피의 품종

[학습 목표]
커피의 3대 원종인 아라비카, 로부스타, 리베리카의 특징과 아라비카의 재래종, 돌연변이종, 자연 교배종에 대해 이해하고 설명할 수 있다.

구쌤 커피는 크게 아라비카, 로부스타, 리베리카liberica로 나눌 수 있다는 얘기는 들어보셨죠? 이는 마치 인종을 황인, 백인, 흑인으로 구분하는 것만큼 단순한 분류예요. 아라비카만 해도 재래종, 돌연변이종, 자연 교배종, 인공교배종 등이 있으니까요. 재배종 역시 많아 커피 품종은 수천 가지에 이르고, 지금도 새로운 품종이 개량되고 있어요.

연희 커피는 정말 칼디Kaldi라는 목동이 발견했어요?

구쌤 정확히 말하면 '칼디 발견설'이 있죠. 지금까지 전해지는 이야기는 7세기경 에티오피아 카파Kaffa 지방의 목동 칼디가 커피를 발견해서 수도원의 수도사에게 전달했고, 이를 수행할 때 마시거나 아플 때 약으로 쓰다가 음료로 발전했다는 내용입니다. 아마도 칼디 발견설이 가장 드라마틱한 요소를 갖췄기 때문에 그렇게 구전된 게 아닐까 생각해요. 커피라는 단어도 카파에서 왔다는 설, '힘'을 뜻하는 아랍어 카와 kawha에서 왔다는 설 등이 분분합니다.

연희 밤에도 잠자지 않고 춤추는 것처럼 뛰는 염소를 보고 이상히 여겨 다음 날 커피를 발견했다는 내용은 믿을 수밖에 없어요.

구쌤 그럴듯하죠. 이제 본격적으로 커피 품종에 대해 알아봅시다. 앞서 말씀드렸듯이 커피의 3대 원종은 아라비카, 로부스타, 리베리카입니다. 전 세계 연간 커피 생산량이 약 900만 t인데요, 그 가운데 아라비카가 70% 가까이 됩니다. 로부스타가 29% 정도고, 리베리카는 1% 미만입니다.

연희 저는 주로 아라비카를 마셔서 로부스타는 맛본 적이 없어요.

구쌤 그렇지 않아요. 인스턴트커피와 RTD커피에 로부스타가 많이 들어가거든요. 로부스타는 19세기 후반 아프리카 콩고에서 처음 발견된 이래, 많은 곳에서 재배했어요. 아라비카에 비하면 생육조건이 까다롭지 않고 생산량도 많기 때문이죠. 다만 카페인 함량이 아라비카보다 두 배 가까이 많고 쓴맛이 강해서 저렴해요.

원두커피

인스턴트커피

RTD커피

연희　RTD커피는 뭐죠?

구쌤　RTD는 ready to drink의 첫 글자를 딴 것으로, 흔히 캔이나 플라스틱 용기에 든 커피예요. 말 그대로 바로 마실 수 있는 커피죠. 인스턴트커피는 '솔루블soluble 커피'라고도 하는데, 물이나 우유에 희석해 마시는 커피를 뜻해요. RTD커피와 달리 사람의 손이 한 번 가야 마실 수 있어요.

연희　리베리카는 왜 생산량이 적어요?

구쌤　리베리카는 라이베리아에서 처음 발견됐어요. 아라비카나 로부스타보다 생산량이 많고 생두가 큰데, 파종 후 첫 수확까지 2년이 더 걸리고 무엇보다 나무가 15m까지 자라기 때문에 관리하기 어려워요. 병충해에 취약하고 다른 품종에 비해 풍미가 떨어지는 것도 농부들에게 선택받지 못한 원인이 됐죠.

연희　와인 공부할 때 테루아terroir*를 배웠는데, 커피도 자라는 곳의 풍토에 따라 맛과 생김새가 다른가요?

구쌤　귤화위지橘化爲枳라는 고사성어가 있어요. 중국에 회수라는 강이 있는데, 회수 남쪽의 귤을 회수 북쪽에 심으면 탱자가 된다는 뜻입니다. 작물 재배에 풍토가 그만큼 중요해요. 같은 커피나무라도 어디에 심고 가꾸느냐에 따라 생두의

---

*와인의 원료가 되는 포도를 재배하는 데 영향을 주는 토양, 기후 따위의 조건을 통틀어 이르는 말.

크기와 향미가 다르죠. 아라비카 재래종에는 에티오피아 원종, 티피카, 게이샤, 예멘 등이 있어요. 특히 에티오피아 원종은 그 수가 수천 가지입니다.

연희 커피나무 종류가 그렇게 많은 줄 미처 몰랐네요.

구쌤 돌연변이종으로는 버본, 마라고지페, 켄트가 있어요. 마라고지페는 생두가 유난히 크기로 유명해요. 나무와 잎도 큰데, 19세기 말 브라질 바이아주의 마라고지페 지방에서 발견됐죠. 수확량이 적고 맛도 특별하지 않은데, 워낙 씨알이 굵어서 비싼 값에 거래돼요. 자연 교배종으로는 문도노보, 아카이아가 있어요. 문도노보는 '신세계'라는 포르투갈어로, 티피카와 버본의 자연 교배종이에요. 병충해에 강하고 생산량이 많아 브라질에서 주로 재배합니다. 참, 지난 시간에 평소 어떤 원두를 즐기고 왜 좋아하는지 생각해 오라고 했죠?

연희 네, 저는 특유의 흙 향이 나는 에티오피아시다모를 좋아해요. 원래 커피는 이런 것이 아니었을까 싶을 정도로 원초적인 향미가 매력적이에요. 비싸서 자주 마시진 못하지만, 하와이안코나도 좋아해요. 중간 볶음으로 로스팅한 커피를 핸드 드립hand drip 해서 마시면 상큼한 열대 과일 향이 입안 가득 차올라, 말로 표현할 수 없는 행복감이 들어요.

구쌤 연희 님은 전형적인 아라비카 재래종을 좋아하는군요. 시다모는 에티오피아 원종에 속하는 품종으로, 호불호가 강하게 나뉘죠. 전에 시다모만 찾는 손님이 있었어요. 그분은 처음에 커피를 좋아하지 않았는데 시다모의 맛에 반해, 지금은 본인이 직접 생두를 볶아 핸드 드립으로 드실 정도로 마니아가 됐어요. 하와이안코나는 티피카인데, 미국에서 나는 유일한 커피죠. 복합적인 향미를 즐기기 위해서는 말씀하신 대로 중간 볶음이 적당해요. 하지만 커머더티commodity로 마시기에는 워낙 고가예요.

연희   선생님, 영어를 너무 많이 쓰시는 거 아니에요?

구쌤   죄송해요. 커피에 등급이 있다는 걸 알려드리려고 일부러 썼어요. 우리가 카페에서 마시는 일반적인 커피는 커머더티 혹은 커머셜commercial 등급이라고 해요. '일상재' '상품'이라는 뜻처럼 일상적으로 마시는 커피를 가리키죠. 다음 시간에 원두의 등급에 대해 자세히 알아보기로 하고, 오늘은 여기서 마칩니다.

정리 | 커피의 3대 원종은 아라비카, 로부스타, 리베리카다. 전 세계 커피 생산량의 70%나 차지하는 아라비카는 다른 품종에 비해 향미가 뛰어나고, 카페인 함량이 상대적으로 적다. 커피는 자라는 지역의 기후와 풍토의 영향을 많이 받으며, 전 세계적으로 수천 가지 품종이 있다.

숙제 | 다음 시간에는 원두의 등급을 살펴볼 텐데요. 원두의 등급은 왜, 어떤 기준으로 나누는지 예습해 오세요.

3강
원두의 등급

[학습 목표]
원두의 등급을 나누는 기준과 각 등급의 특징에 대해 이해하고 설명할 수
있다.

구쌤 지난 수업 끄트머리에 원두에 등급이 있다고 말씀드
렸죠? 우리가 흔히 로스터리 카페에서 구입하는 커피는 커
머더티 혹은 커머셜 등급이고, 그보다 고급 원두는 프리미엄
premium, 스페셜티specialty, 마이크로랏Micro Lot이 있어요.

연희 요즘 '스페셜티 커피'라고 써놓은 카페가 종종 눈에
띄어요. 정말 스페셜티 원두를 쓴다는 건가요, 아니면 자기네
커피가 특별하다는 말인가요?

구쌤 정말 스페셜티 원두를 쓸 수도 있고, 카페를 홍보하
기 위해 그럴 수도 있어요. 그런데 스페셜티 커피 등급은 미

국스페셜티커피협회Specialty Coffee Association of America, SCAA 가 정한 기준을 통과해야 그 자격을 부여합니다. 스페셜티 커피도 외면적 평가와 관능적 평가 점수에 따라 스페셜티 커피(80~85점 미만), 스페셜티 커피 오리진(85~90점 미만), 스페셜티 커피 레어(90점 이상)로 구분하고요.

연희 외면적 평가와 관능적 평가로 점수를 매기면 내 등급은…. 아니에요, 죄송해요.

구쌤 수업에 집중하시기 바랍니다. 외면적 평가는 생두에 결점두가 얼마나 있느냐를 말합니다. 스페셜티 기준을 통과하려면 350g 중에 결점두가 1.6g 이하여야 해요. 생두의 질량이 개당 0.2g 안팎이니까 1750개 중에 결점두가 8개 이하죠.

연희 우와! 수학 잘하셨나 봐요. 결점두는 벌레 먹거나 깨진 생두인가요?

구쌤 그런 것도 있고요, 나뭇가지나 못, 돌 등도 있어요. 스페셜티에선 찾아볼 수 없지만, 커머셜 80kg 포대에서는 이따금 보입니다. 국내 생두 수입사에 석발기가 필요한 이유죠. 20kg 이하 포장은 소분하는 과정에서 결점두를 고르기 때문에 큰 문제는 없습니다.

연희 관능적 평가는 커피 커핑coffee cupping* 으로 하나요?

---

*커피의 맛과 향을 평가하는 일.

구쌤 맞아요. 그래서 외면적 평가는 그린 그레이딩green grading, 관능적 평가는 로스티드 그레이딩roasted grading이라고 합니다. 겉은 멀쩡해도 향미가 다를 수 있으니까요. 원두를 분쇄한 뒤 커핑 테스트를 거쳐 총점이 80점 이상이어야죠.

연희 제가 무료 커핑 세미나에 다녀온 적이 있는데요, 평가 요소가 많고 맛을 구별하기가 너무 어려웠어요. 커핑을 잘하는 방법이 있나요?

구쌤 자전거를 배워서 타는 거랑 비슷하다고 할까요? 처음 배울 때는 자꾸 넘어지지만, 계속 타다 보면 어느새 잘 타잖아요. 커핑도 평소 많이 해봐야 감이 생기고, 더 정확한 평가를 할 수 있어요. 집에서 원두를 분쇄하며 향을 맡고 추출할 때 다시 향을 느껴보세요. 그걸 문장으로 써보는 습관을 들이면 실력이 조금씩 늘 거예요.

연희 커핑을 잘하는 데 왕도는 없다는 말씀인가요?

구쌤 타고난 사람도 있어요. 본인의 감각이 평균 수준이라면 자극적인 음식을 줄이고 담배를 피우지 않는 게 좋습니다. 관능적 평가를 위해선 코와 혀의 감각이 중요하니까요.

연희 프리미엄 커피가 스페셜티보다 좋은 거예요?

구쌤 꼭 그렇진 않아요. 생두를 수입하는 회사와 전문가, 관련 기관에 따라 평가가 조금씩 달라요. 스페셜티가 프리미엄보다 상위 등급이라고 말하는 경우도, 그 반대 경우도 있어요. 스페셜티는 명확한 기준이 있지만, 프리미엄은 그런 기준이 없기 때문이죠.

연희 세계 3대 프리미엄 커피가 있다는데, 어떻게 정해지나요?

구쌤 세계 7대 불가사의와 비슷해요. 유네스코가 정하는 문화유산이나 자연유산 등과는 다르죠. 세계 7대 불가사의처럼 세계 3대 프리미엄 커피도 정하는 기구나 사람이 없다는 말이에요. 일부 학자와 사람들에 의해 구전되는 것이죠. 3대 프리미엄 커피는 유명인이 특정 커피를 좋아한 데서 출발합니다.

연희 제가 좋아하는 하와이안코나엑스트라팬시도 3대 커피 중 하나라고 들었어요. 나머지 두 개는 무엇인가요?

구쌤 자메이카블루마운틴과 예멘모카마타리가 있어요. 하와이안코나는 미국의 대문호 마크 트웨인이 좋아했다고 하더군요. 그가 하와이안코나만 즐기진 않았겠지만, 워낙 유명한 작가니까 스토리텔링을 하기 좋죠. 자메이카블루마운틴은 영국 여왕의 커피로 알려졌습니다. 자메이카가 영국의 식민지이던 시절, 여왕에게 진상한 커피로 알려지면서 유명해진 경우예요. 마지막으로 예멘모카마타리는 빈센트 반 고흐의 커피입니다. 그런데 가난한 고흐가 그 비싼 커피를 매일 마셨을 리 없어요. 고흐가 진한 커피를 좋아했다는 기록이 있지만, 예멘모카마타리 얘기는 기록에 없거든요.

연희 세계 3대 커피에 연연할 필요는 없지만, 꼭 마셔보고

예멘모카마타리
커피 로고

자메이카블루마운틴
커피 로고

하와이안코나
커피 로고

싶어요. 자메이카블루마운틴은 가짜가 많고, 일부를 쓰면서 100%인 것처럼 파는 곳도 있다고 들었어요.

구쌤 과거에는 정말 그런 곳이 많았죠. 스페셜티나 프리미엄 커피를 취급하는 로스터리 카페에 가면 믿고 마실 수 있을 거예요. 그런 곳을 찾아보면 도움이 됩니다. 프리미엄과 스페셜티 원두는 일부를 제외하고는 로스팅 포인트를 높게 잡지 않아요. 대개 중간 볶음이고, 일부 중강 볶음을 하기도 해요. 너무 강하게 볶으면 커피의 복합적인 향미를 즐길 수 없다고 하거든요. 하지만 집착할 필요는 없어요. 비싸고 좋은 커피일수록 고산에서 자라는 것이 많아요. 이런 생두는 강하게 볶아도 잘 견디기 때문에 본인이 강 볶음을 좋아한다면 그렇게 해도 무방합니다.

연희 마지막으로 마이크로랏은 어떤 커피인가요? 들어본 적이 없어요.

구쌤 소규모 농가나 농장에서 재배하는 커피를 말합니다.

아무래도 재배 면적이 좁다 보니 사람 손이 더 가죠. 잘 익은 것만 손으로 수확하니 품질이 좋을 수밖에 없어요. 수확량은 적고 품질이 좋으니 상대적으로 고가에 거래됩니다.

연희 와이너리가 작을수록 비싼 와인처럼 커피도 마찬가지네요.

구쌤 마이크로랏은 생두 수입사마다 가지고 있는 품목이 다릅니다. 올해 수입되는 품목이 내년에 수입된다는 보장도 없고요. 좀 더 개성 있고 특별한 커피를 원한다면 시도해도 좋을 듯해요.

정리 | 통상 카페에서 파는 원두는 커머셜 혹은 커머더티라고 한다. 스페셜티는 SCAA의 기준을 통과한 커피에 한해 다시 세 등급으로 나뉜다. 프리미엄은 생두 수입사나 농장에 따라 기준이 다르다. 다만 세계 3대 프리미엄 커피는 자메이카블루마운틴, 하와이안코나엑스트라팬시, 예멘모카마타리로 알려져 있다. 마이크로랏은 소규모 농가나 농장에서 재배하다 보니 사람 손이 많이 간, 질 좋은 커피다.

숙제 | 평소 원두를 선택하는 기준과 좋은 원두의 조건에 대해 생각해 오세요.

하우스 원두의
선택

[학습 목표]
에스프레소 머신용 하우스 원두를 선택할 때 고려할 점과 주의할 점에 대
해 이해하고 설명할 수 있다.

구쌤　보통 카페에서는 에스프레소espresso 머신과 전동 그
라인더를 한 대씩 쓰는데, 전동 그라인더를 두 대 이상 쓰는
곳도 있습니다. 하우스 원두 외에 디카페인이나 싱글 오리진
을 쓰는 곳이 이 경우에 해당합니다.

연희　하우스 원두란 구체적으로 무슨 뜻인가요?

구쌤　하우스 원두는 특정 원두가 아니라 카페마다 메인 그
라인더에서 사용하는 원두를 뜻해요. 간혹 싱글 오리진을 하
우스 원두로 쓰는 곳도 있지만, 대개 두 가지 이상 블렌딩해
서 씁니다.

연희 블렌딩은 몇 가지 원두로 하는 게 좋아요?

구쌤 몇 가지가 좋다고 말할 순 없지만, 너무 많은 원두를 섞으면 특색 없는 커피가 되기 때문에 일반적으로 4~5종을 넘지 않습니다.

연희 블렌딩을 하는 이유는 뭔가요?

구쌤 크게 두 가지 이유를 들 수 있어요. 하나는 원두마다 부족한 향미를 상호 보완하기 위해서고, 다른 하나는 원가를 절감하기 위해서죠. 비싸고 좋은 원두를 쓰면 맛이 좋겠지만, 원가 상승을 피할 수 없습니다. 어느 정도 맛을 보장하면서 비용도 절감하기 위해 블렌딩을 하는 겁니다.

연희 블렌딩에 원칙이나 금기가 있나요? 예를 들면 쓴맛과 쓴맛 혹은 신맛과 신맛을 섞는 것처럼요.

구쌤 꼭 이렇게 해야 한다는 원칙은 없어요. 로스터가 쓴 맛을 강조하고 싶다면 쓴맛이 나는 원두와 강한 쓴맛이 매력적인 원두를 섞을 수 있겠죠. 신맛도 마찬가지고요. 보통은 밸런스를 가장 중요하게 생각하기 때문에 누구에게나 무난한 맛을 지향합니다.

연희 밸런스? 무슨 뜻이에요?

구쌤 밸런스는 커피를 마셨을 때 전반적인 느낌을 말해요. 커피의 주된 맛은 쓴맛이지만 특정한 맛이 두드러지지 않고 쓴맛, 신맛, 단맛 등이 조화를 이룰 때 맛있다고 하죠. 하우스 원두를 선택할 때 고려할 몇 가지 요소가 있습니다. 참, 지난 시간에 원두를 선택하는 기준과 좋은 원두의 조건을 생각해 오라고 숙제를 내드렸죠?

연희　네, 저는 하우스 원두를 선택하는 가장 중요한 기준은 예산이라고 생각해요. 그리고 좋은 원두의 조건은 누가 추출하더라도 일정한 맛 이상을 보장하고, 사람에 따라 호불호가 적은 것이 아닐까 합니다.

구쌤　오늘 제가 할 말을 다 하셨네요. 맞아요, 카페에서 하우스 원두를 선택할 때도 원가를 고려해야 합니다. 따뜻한 아메리카노 한 잔이 3000원이라면 원두의 원가는 얼마가 적당할까요? 에스프레소 도피오doppio˙를 추출할 때 원두 약 16g을 쓴다면, 1kg으로 커피를 60잔 정도 팔아 매출 18만 원을 올릴 수 있죠. 커피 한 잔의 원가에는 원두뿐만 아니라 인건비, 임차료, 전기세, 기계와 인테리어의 감가상각비 등 많은 것이 포함됩니다. 따라서 원두의 원가는 아메리카노를 기준으로 15~20%를 초과하지 않는 것이 좋습니다.

연희　따뜻한 아메리카노가 3000원이라면 하우스 원두 1kg의 원가는 3만 원 안팎이 적당하겠네요?

구쌤　그렇죠. 그 이상이면 앞으로 남고 뒤로 밑지는 장사가 될 수 있어요. 원가를 생각하지 않을 수 없죠. 처음에는 비

˙'2배'를 뜻하는 이탈리아어. 영어는 double.

싼 원두를 쓰다가 장사가 덜 된다 싶으면 질 낮은 원두를 쓰는 경우가 많아요. 장사는 더 안 될 수밖에 없습니다. 예산이 정해지면 이제 맛을 결정할 차례입니다. 아무리 비싸고 좋은 원두라고 정평이 나도 본인 입맛에 안 맞으면 소용이 없어요. 내가 싫어하는 커피를 손님에게 팔 순 없으니까요.

연희 호불호가 적은 원두를 선택해야 한다는 말씀인가요? 나뿐만 아니라 다른 사람이 마셨을 때도 어느 정도 맛을 보장하는 원두를 찾는 일이 보통 어렵지 않을 것 같아요.

구쌤 맛도 일정해야 합니다. 원두를 받을 때마다 맛이 들쑥날쑥하면 큰 문제죠. 많은 사람에게 검증받은 원두를 사용하는 것이 위험을 줄이는 방법이에요. 인터넷에 싸게 나온 원두 중에서 입맛에 맞는 걸 찾을 수도 있겠지만, 본인이 발품을 팔아야 합니다.

연희 본인이 사용하는 에스프레소 머신과 그라인더, 하루에 팔 수 있는 커피의 양도 중요할 것 같아요. 이런 부분은 어떻게 해결해야 할까요?

구쌤 하우스 원두를 결정했다면 공급처에 상황을 이야기하고 의견을 구하는 게 좋습니다. 에스프레소 솔로와 도피오에 사용하는 원두의 양, 물의 양을 머신에 어떻게 세팅하는지 등 고려할 요소가 많습니다.

연희 원두를 관리해주는 업체를 찾으라는 말씀이군요. 아무래도 그런 곳은 원두가 상당히 비싸지 않아요?

원두 블렌딩 비율의 예

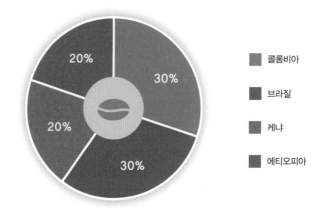

콜롬비아

브라질

케냐

에티오피아

구쌤 중소 규모 로스터를 찾으면 의외로 많은 도움을 받을 수 있습니다. 이때 주의할 점은 임의로 원두를 섞어 쓰면 안 된다는 겁니다. 예를 들어 A 업체 원두와 B 업체 원두를 섞는 경우죠. 에스프레소 원두는 대개 두 가지를 블렌딩하기 때문에, 너무 많은 원두를 섞으면 오히려 맛을 해치고 색깔을 잃어버릴 수 있습니다. 대개 원가를 줄이기 위해서 그런 행동을 하는데, 이는 절대 해선 안 되는 행동입니다.

연희 괜찮은 맛을 보장하는 비싼 원두와 맛은 조금 떨어지지만 저렴한 원두를 섞는 경우죠? 유혹이 있을 것 같아요. 섞어보니 의외로 맛이 좋다면 괜찮지 않은가요?

구쌤 물론 나쁠 건 없어요. 하지만 본인이 특정 브랜드의 원두를 쓴다고 홍보하고 있다면 도의상 해선 안 될 행동이죠.

업체뿐만 아니라 소비자를 속이는 셈이니까요. 블렌딩은 바리스타가 할 수도 있겠지만, 생두를 볶는 것은 로스터의 영역이에요. 기성 제품을 구매하지 않고 본인이 원하는 맛을 주문하는 방법도 있는데, 이 경우 주문량이 어느 정도 이상 돼야 하고 원두 단가가 조금 올라갈 수 있습니다.

정리 | 하우스 원두란 카페의 메인 그라인더에서 사용하는 원두를 말한다. 원두를 블렌딩하는 목적은 부족한 맛을 보완하고 원가를 낮추기 위함이다. 하우스 원두를 선택할 때 고려할 점은 원두의 단가와 본인이 추구하는 맛이다. 하우스 원두를 선택할 때는 맛이 일정 수준 이상인지, 맛의 변화가 거의 없는지 확인해야 한다. 가능하면 원두를 관리받을 수 있는 업체를 선택하는 것이 좋다.

숙제 | 평소 원두를 어떻게 보관하고 관리하는지 생각해 오세요. 그리고 본인이 사용하는 원두 보관 용기를 가져오세요.

원두 보관과 관리

구쌤   사람들은 대개 볶은 원두를 바로 사용하는 게 좋다고 생각합니다. 지난 시간에 숙제를 내드렸죠?

연희   평소 원두를 어떻게 관리하고 보관하는지 생각해보고, 원두 보관 용기를 가져오라 하셨어요.

구쌤   원두를 밀폐 용기에 보관하는군요. 외부 공기가 차단되니 나쁘지 않지만, 올바른 방법은 아니에요. 가능하면 원웨이 밸브one-way valve가 달린 원두 전용 용기를 사용하는 게 좋습니다.

연희   커피도 김치처럼 밀폐 용기에 보관하는 것이 낫지 않아요?

구쌤 볶은 커피는 시간이 지나면 내부에서 가스가 나옵니다. 외부 공기 유입을 막고 내부에서 발생하는 가스는 내보내는 용기가 좋아요.

연희 냉장고에 보관하는 건 어때요? 전 냉장고에 넣어두거든요.

구쌤 냉장고에 커피만 있나요, 다른 음식도 있나요?

연희 물론 다른 음식도 있죠. 밀폐 용기에 넣었으니 괜찮지 않을까요?

구쌤 로스팅할 때 생두가 팽창하면서 내부에 미세한 구멍이 많이 생깁니다. 그 구멍에 공기가 차 있다가 시간이 지나 서서히 배출되면서 커피의 달콤한 향기가 나죠. 시간이 지나면 내부의 공기가 다 빠져나가 커피 향이 나지 않아요. 오래된 원두는 원웨이 밸브가 없으니 외부의 냄새를 흡착합니다. 오래된 원두를 탈취제로 쓰는 이유입니다. 신선한 원두를 냉장고에 보관하면 밀폐 용기에 넣었다 해도 꺼냈을 때 온도 차에 따라 원두 표면에 결로가 생길 수 있어 좋지 않아요.

연희 원두를 오래 보관할 때 냉동실에 넣는 건요?

구쌤 많은 양을 오래 보관한다면 추천할 만하지만, 원두를 덜어 써야 할 때는 좋은 방법이 아닙니다. 예를 들어 원두 1kg을 냉동 보관하면 100g씩 나누는 것도 방법이 될 수 있어요. 다만 100g씩 나눌 때 외부 습기나 공기가 침투하지 않도

아로마 밸브 앞뒷면

밸브형 원두 봉투

외부

러버 디스크

제품 포장 직후는 봉투 내부 압력과 외부 압력이 동일한 상태

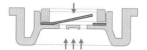

봉투 내부의 가스가 압력을 발생시켜 러버 디스크가 변형되고 가스가 외부로 빠져나간다.

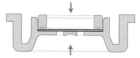

가스 발생이 끝나면 내부와 외부 압력이 균형을 이루고, 러버 디스크가 원래의 평평한 상태가 된다. 외부 실링 실리콘은 바깥 공기가 유입되는 것을 방지한다.

록 밀폐하는 게 중요합니다. 필요할 때마다 100g씩 꺼내 사용하면 나름 괜찮은 방법이죠. 가능하면 소량 구매해서 즐기는 것이 가장 커피를 맛있게 마시는 방법입니다.

연희 원두를 실내에 보관해야 한다면 어디가 좋을까요?

구쌤 직사광선을 피하고 습기가 없는 곳에 보관하되, 공기를 차단해야 합니다. 커피는 볶은 뒤 산패 과정을 겪는데, 이를 지연하는 방법 가운데 하나가 공기를 차단하는 거예요.

연희 추출하는 방법에 따라 원두를 맛있게 즐기는 기간이 다르다는 얘기를 들은 적이 있는데, 어떻게 다른가요?

구쌤 사람들은 보통 핸드 드립, 프렌치 프레스French press, 에어로프레스aeropress, 모카 포트Moka pot, 에스프레소 머신 등으로 커피를 즐깁니다. 아무래도 핸드 드립이 가장 많지 싶은데요, 핸드 드립과 에어로프레스는 볶고 나서 3일 정도 지난 원두를 사용하는 게 가장 좋습니다. 맛이 안정화된다고 얘기하죠. 볶은 뒤 바로 사용하면 거품이 많이 나서 신선해 보이지만, 실험해보면 맛이 좀 덜합니다.

연희 핸드 드립 할 때, (흔히 '커피 빵'이라고 하는) 원두가 부풀어 오르면 더 맛있어 보이던데요. 오래된 원두를 사용하면 커피 빵이 잘 생기지 않는 게 원두 내부에 공기가 다 빠져나가서 그렇군요?

구쌤 맞아요, 볶고 한 달 정도 지난 원두로 핸드 드립을 하면 거품이 잘 생기지 않죠. 모카 포트와 에스프레소 머신은 볶고 10일쯤 지난 원두가 좋습니다. 특히 에스프레소 머신으로 추출하면 크레마crema*가 생겨요. 신선한 원두는 크레마가 많이 생기는 것 같지만, 잠시 후 거품이 금방 꺼져요. 크레마는 두께 2mm 정도가 좋고, 색깔도 황금빛보다 적갈색이 맛있습니다.

---

*'크림'을 뜻하는 이탈리아어.

연희 원두는 볶은 뒤 얼마나 먹을 수 있나요? 유통기한을 보면 2년까지 괜찮다는 커피도 있거든요.

구쌤 유통기한은 법적으로 생산자나 유통 업자가 제품을 시장에서 거래할 수 있는 기한을 말하는데, 맛하고 관계가 없어요. 유통기한이 지났다고 먹을 수 없는 것도 아니고요. 제대로 보관하지 못하면 유통기한이 남았어도 먹을 수 없는 경우가 있습니다. 유통기한이 지나서 먹어도 관계없는 제품도 있죠. 커피가 그 예입니다.

연희 커피는 유통기한이 지나도 먹을 수 있다고요?

구쌤 먹을 수 있지만, 맛이 없겠죠. 소비 기한은 유통기한보다 길어요. 생산자나 유통 업자가 유통기한까지 물건을 거래할 수 있다면, 소비자는 소비 기한 내의 제품은 먹어도 관계없다는 의미입니다. 커피는 배고파서 먹는 식품이 아니라 특유의 향미를 즐기는 제품이기에 더 엄격한 잣대가 필요해요. 그래서 생각한 것이 '맛있는 기한best before'이에요. 원두를 예로 들어보죠. 볶은 날이 2020년 6월 5일이라면 맛있는 기한은 같은 해 7월 4일이고, 유통기한은 2021년 6월 4일입니다. 소비 기한은 2021년 12월 4일이 될 수도 있겠네요.

연희 맛있는 기한 내 소비할 수 있는 양만 그라운드 빈보다 홀 빈으로 구입하는 게 좋겠네요. 냉장고보다 상온에서 직사광선을 피하고 습기가 없는 곳에 보관하라는 말씀이죠?

구쌤 맞아요, 조금 귀찮아도 홀 빈으로 소량 구매해 맛있는 기한 내 소비하는 게 좋아요. 원두가 가장 맛있는 때는 사람마다 조금씩 차이가 있어요. 본인이 생각할 때 보이는 게 중요하면 가장 신선한 원두를 사용하는 것도 방법이에요. 하지만 시간이 지날수록 맛을 추구할 거예요.

연희　카페에서 사용하는 원두 역시 볶은 뒤 얼마나 지났느냐에 따라 맛과 크레마가 다르겠네요?

구쌤　볶은 지 몇 달 된 원두를 사용하면 크레마가 거의 생기지 않고, 물이 졸졸 흐르는 것처럼 커피가 추출됩니다. 반대로 너무 신선한 원두를 사용하면 크레마가 굉장히 두껍죠. 바리스타에 따라 차이가 있지만, 볶은 뒤 10~30일 내 원두를 사용하는 게 좋습니다. 본인이 어떤 맛을 추구하느냐에 따라 조금씩 차이가 날 수 있습니다. 원두 종류에 따라서도 약간 차이가 날 수 있으니, 본인이 사용하는 원두의 맛있는 기한을 찾는 게 중요합니다.

정리 |　원두는 밀폐한 상태에서 햇볕을 피해 건조한 곳에 보관하는 게 좋다. 가능하면 소량 구매해서 필요할 때마다 분쇄해 추출하면 맛있는 커피를 즐길 수 있다. 커피는 유통기한, 소비 기한, 맛있는 기한이 있다. 취향과 원두의 종류에 따라 맛있는 기한이 다를 수 있으니, 본인에게 맞는 기한을 찾는 것이 중요하다.

숙제 |　그라인더의 종류를 생각해 오세요.

6강

그라인더
종류와 특징

[학 습 목 표]
사람의 힘으로 작동하는 수동식 그라인더와 모터로 작동하는 기계식 그라인더의 종류와 특징에 대해 이해하고 설명할 수 있다.

구쌤　지금은 생두를 볶아 분쇄한 뒤 추출해서 커피를 즐기지만, 아주 먼 옛날에는 커피 체리를 끓인 물을 마셨어요. 커피가 정신을 맑게 해서 수행을 돕고 약으로 쓰이면서 인기는 날이 갈수록 높아졌죠. 커피의 주요 성분은 과육이 아니라 생두에 있다는 것을 안 뒤, 생두를 끓여 마시기 시작했어요.

연희　그럼 언제부터 생두를 볶아 지금처럼 마셨어요?

구쌤　언제부터 생두를 볶아 커피를 즐겼다는 기록은 없어요. 사람들은 생두를 끓이기만 한 게 아니라 볶았을 때 고소한 향이 난다는 걸 경험으로 알고 볶은 원두를 끓여 마셨죠.

표면적이 넓을수록 끓였을 때 진하다는 걸 알고 나서 볶은 원두를 분쇄하기 시작했어요. 잘게 부술수록 표면적이 넓어지므로 곱게 빻아 커피를 끓였죠.

연희　최초의 그라인더는 절구였네요? 돌이나 나무 절구로 원두를 빻아 커피를 끓였다니 운치 있어요.

구쌤　맞아요. 돌이나 나무 절구에 볶은 원두를 넣고 잘게 빻아 커피를 끓이는 모습은 생각만 해도 낭만적이죠. 맷돌로도 원두를 갈았어요.

연희　맷돌은 두부와 콩국수를 만들 때나 쓰는 줄 알았는데, 원두를 갈 수도 있군요.

구쌤　물론이죠. 맷돌은 투입하는 원두 양에 따라 분쇄도를 조절할 수도 있어요. 원두를 많이 투입하면 조금 거칠게 갈리고, 양을 줄이면 곱게 갈립니다. 맷돌의 아랫돌과 윗돌을 연결하는 장치를 어처구니라고 합니다. 이게 없으면 맷돌이 아무짝에도 쓸모없기 때문에 어찌할 바 모를 상황에 처하면 어처구니없다고 하죠.

연희　어처구니가 맷돌에서 나온 거예요? 정말 재미있네요. 선생님, 맷돌과 절구 말고 다른 건 없어요?

구쌤　우리가 흔히 '핸드 밀'이라고 하는 수동식 그라인더, 커피밀이 있죠. 원형 추와 금속 홈의 간격으로 분쇄도를 조절하는 원리예요. 절구나 맷돌보다 분쇄도를 조절하기 쉬워요.

연희　저도 집에 커피밀이 있어요. 분쇄도가 일정하지 않던데, 해결할 방법이 없을까요?

구쌤　원두를 갈 때 가능하면 손잡이를 수평으로 돌리는 게 좋습니다. 한 방향으로 돌리되, 속도를 일정하게 유지하면 도움이 되고요. 그러나 커피밀은 태생적으로 일정한 분쇄도를 기대하기 어렵고, 무엇보다 분해 청소가 중요합니다.

연희　분해 청소요? 저는 한 번도 분해해본 적이 없는데요. 어떻게 분해해요?

구쌤　커피밀을 사용하고 청소하지 않으면 밥솥으로 밥을 한 뒤 씻지 않는 것과 같습니다. 이전에 분쇄한 커피 가루가 원형 추와 금속 홈에 남아 산패하는데, 나중에 원두를 갈 때 묻어나 커피 맛을 해치죠. 분해와 조립이 조금 번거롭지만, 한두 번 해보면 누구나 쉽게 할 수 있어요. 상부 나사부터 커피받이통까지 분해한 뒤, 칫솔로 커피 가루를 털고 마른행주로 기름기를 닦으면 됩니다. 조립은 원형 추와 금속 홈의 간격을 맞추고, 분해한 역순으로 합니다. 분해한 뒤 휴대폰으로 사진을 찍으면 큰 어려움 없이 조립할 수 있습니다.

연희　오늘 집에 가서 커피밀부터 분해 청소해야겠네요. 묵은 때를 씻듯이 속이 다 시원할 것 같아요.

구쌤　분쇄도 조절의 어려움을 극복하기 위해 등장한 것이 모터로 작동하는 기계식 그라인더입니다. 기계식 그라인더는 크게 수동과 자동으로 나뉘어요.

연희　어떤 차이가 있죠? 둘 다 모터로 작동하니까 자동 아닌가요?

구쌤 그렇지 않아요. 자동 그라인더는 미리 분쇄 시간을 설정해 버튼만 누르면 작동합니다. 수동 그라인더는 스위치를 켜놓거나 버튼을 누르는 동안 작동하고요. 자동 기계식과 수동 기계식이죠.

연희 손님이 많은 곳에서는 자동 기계식이 어울리고, 그렇지 않은 곳은 수동 기계식을 써도 무방하겠네요? 아무래도 자동이 수동보다 비싸잖아요.

구쌤 그런 이유도 있지만, 자동보다 수동이 원두량을 정교하게 조절할 수 있어요. 원두 상태에 따라 미세하게 토출량이 다르기 때문이죠. 그라인더의 칼날 형태에 따라 구분하기도 합니다. 평평한 두 칼날이 마주 보는 것은 플랫 버flat burrs, 원뿔 모양 수날이 암날에 끼워진 것은 코니컬 버conical burrs라고 해요.

연희 흔히 카페에서 보는 그라인더가 플랫 버인가요?

구쌤 맞아요. 상업용 그라인더는 플랫 버가 많고, 가정용이나 소형 그라인더는 코니컬 버를 씁니다. 칼날의 소재와 크기에 따라 다양한 그라인더가 있습니다. 대부분 스테인리스강이고, 플래티늄은 상대적으로 고가입니다. 칼날의 크기는 64mm와 75mm를 많이 씁니다.

연희 그라인더 칼날도 사용량에 따라 교체해야 하나요, 아니면 부엌칼이나 과일칼처럼 날을 갈아서 관리할 수 있나요?

그라인더의 칼날 형태

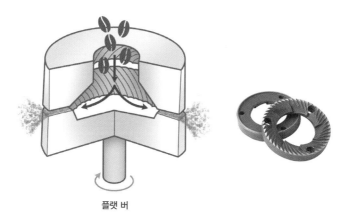

플랫 버

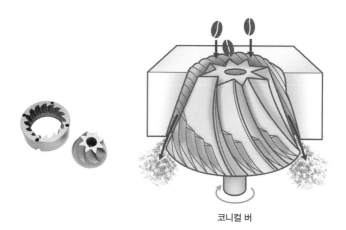

코니컬 버

구쌤 하루에 원두 1kg을 사용한다면 64mm 칼날이 적당하고, 1년을 사용하면 새것으로 교체해야 합니다. 칼처럼 날을 갈아서 사용할 수 없습니다. 하루에 원두 2~3kg을 사용한다면 75mm 칼날이 적당하고, 1년을 사용하면 새것으로 교체해야 질 좋은 분쇄도와 정량 토출을 기대할 수 있습니다. 그라인더 칼날 역시 자동차 타이어처럼 사용량과 손상 여부에 따라 새것으로 교체해야 합니다.

정리 | 원두를 분쇄하는 그라인더는 사람의 손으로 작동하는 수동식과 모터의 힘으로 작동하는 기계식이 있다. 전자는 절구와 맷돌, 커피밀이다. 후자는 수동 기계식과 자동 기계식이 있고, 칼날의 종류에 따라 구분하기도 한다. 그라인더 칼날은 사용량에 따라 교체해야 한다.

숙제 | 본인이 카페 사장이라면 어떤 그라인더를 선택할지, 그 이유에 대해 생각해 오세요.

그라인더
선택과 관리

[학습 목표]
카페 형편에 따라 그라인더를 선택·관리하는 방법에 대해 이해하고 설명할 수 있다.

구쌤 카페에서 에스프레소 머신 다음으로 중요한 기계는 무엇일까요? 냉장고와 제빙기, 블렌더 등도 꼭 필요하지만, 무엇보다 그라인더가 아닐까 싶습니다. "인천 앞바다에 사이다가 떴어도 고뿌(컵의 일본식 발음)가 없으면 못 마셔요"라는 만담이 있듯이, 원두가 아무리 좋아도 알맞게 분쇄되지 않으면 쓸모없습니다.

연희 지난 시간에 어떤 그라인더를 선택할지 생각해 오라는 말씀을 듣고 한참 고민했는데, 아무래도 예산을 고려해야할 것 같아요. '가성비'를 따질 수밖에 없지 않나 생각합니다.

구쌤 맞아요, 예산이 넉넉해도 가성비를 무시할 순 없죠. 먼저 에스프레소 머신을 선택하고, 그에 걸맞은 그라인더를 고르는 순서가 맞습니다. 2000만 원대 머신을 고려하고 있다면 200만~300만 원대 그라인더가 어울리겠죠.

연희 중고 에스프레소 머신을 구입했다면 중고 그라인더를 준비하는 것도 대안이 되지 않을까요?

구쌤 그라인더가 고장 나는 경우는 콘덴서 외에 별로 없습니다. 칼날 상태가 중요하죠. 중고 그라인더를 구매해 칼날을 교체하는 방법도 있어요. 스테인리스강 소재 칼날은 10만 원 미만이고, 교체하는 방법도 생각보다 간단합니다.

연희 중고 그라인더를 구매할 경우, 처음에 칼날 교체를 부탁하거나 사용 이력이 짧은 그라인더를 찾으면 좋겠네요.

구쌤 아는 사람이 사용한 기계를 직접 구매하는 경우가 아니라면 사용 이력은 중고 판매업자도 모를 거예요. 예산이 정해졌다면 이제 몇 가지를 더 고려해야 합니다.

연희 어떤 것이죠? 칼날의 소재인가요?

구쌤 물론 칼날의 소재도 중요하죠. 칼날의 크기와 소재, 형태, 분당 회전수rpm, 호퍼의 용량, 수동 혹은 자동, 고장 빈도, 사후 서비스 등입니다.

연희 선생님, 그라인더를 선택할 때 고려할 점이 그렇게 많아요? 벌써 머리가 아프네요.

구쌤 고려할 점을 나열해서 그렇지, 우리는 직관적으로 이런 것을 생각하면서 구매합니다. 연희 님이 스마트폰을 살 때도 아마 이런 요소를 고민할 거예요. 하나씩 이야기해보죠. 칼날의 크기는 대개 64mm와 75mm가 있어요. 크기가 클수록 분쇄 시간이 짧습니다. 카페 규모나 하루 내방 고객 수에 따라 선택하면 됩니다. 하루에 100명 이하라면 64mm로 충분하고, 그 이상이라면 75mm가 어울립니다.

연희 지난 시간에 말씀하셨듯이, 많은 손님이 예상된다면 칼날이 크고 소재도 좋은 그라인더를 선택해야겠네요. 75mm 티타늄처럼 말이죠.

구쌤 그렇습니다. 예를 들어 예산이 100만 원 정도라면 티타늄 소재 그라인더는 어려울 테니, 스테인리스강을 선택할 수밖에 없죠. 카페에서 사용하는 기계식 그라인더는 대부분 플랫 버입니다. 그렇다면 rpm을 고려해야죠. 회전 속도가 빠를수록 좋다고 생각하겠지만, 그에 따라 발생하는 열이 문제입니다. 열이 원두에 전달되면 맛에 나쁜 영향을 미치거든요.

연희 쿨링 모터가 달린 그라인더가 필수겠네요? 그런 제품은 꽤 비쌀 텐데요.

구쌤 맞아요, 쿨링 모터가 내장된 그라인더는 대부분 고가입니다. 평소에는 문제가 없지만, 손님이 몰리는 시간에는 rpm이 높은 그라인더가 큰 도움이 됩니다. 매장이 크고 예상되는 손님 수가 많은 경우, 그라인더에 투자해야 하는 이유입니다. 에스프레소 머신은 고가 제품을 구입하면서 그라인더에 소홀한 경우가 있는데, 이는 정말 주의해야 합니다. 높은 산에 오르기 위해 비싼 기능성 옷을 구입하고 싸구려 등산화를 신는 것과 같습니다.

연희 산행 시간과 산의 높이는 그라인더의 내구성과 rpm에 비유할 수 있겠네요.

구쌤 적절한 비유예요. 상황과 형편에 맞게 그라인더를 선택하면 되죠. 동네 뒷산에 가면서 에베레스트에 오르는 장비를 준비할 필요는 없습니다. 상업용 그라인더는 대개 호퍼 용량이 1~2kg 내외인데, 원두 1kg은 에스프레소 도피오 기준으로 60잔쯤 추출할 수 있습니다. 하루 100잔 정도 판다면 약 2kg을 쓴다고 볼 수 있죠. 이런 매장은 칼날 75mm에 호퍼 용량 1kg 그라인더를 사용하는 것이 좋습니다.

연희 호퍼 용량이 작은 그라인더는 원두를 자주 채워야 하기 때문에 업무 효율이 떨어지겠네요. 사용량에 비해 너무 큰 것은 원두가 산패해서 좋지 않겠죠?

구쌤 맞습니다. 작은 것보다 큰 것이 좋지만, 하루 평균 사용량보다 너무 큰 것은 원두 관리 측면에서 적절하지 않아요. 기계식 그라인더는 수동과 자동, 반자동으로 나눌 수 있어요. 수동 그라인더는 말 그대로 손으로 도징dosing*을 해서 분쇄한

---

*포터 필터에 분쇄한 원두를 담는 일.

원두를 담는 것입니다. 숙련된 바리스타에게 적합하죠. 손님이 많거나 바리스타의 숙련도가 조금 떨어지는 경우는 반자동이나 자동 그라인더가 좋습니다. 사전에 세팅한 양만큼 분쇄된 원두를 담아 시간을 절약할 수 있으니까요. 반자동 그라인더는 버튼을 누르는 만큼 원두가 분쇄되고, 자동 그라인더는 버튼을 한 번만 누르면 세팅한 양이 분쇄됩니다. 자동 그라인더가 여러모로 편하죠.

연희　그럼 자동 그라인더를 구입하지, 왜 반자동이나 수동 그라인더를 고려해야 하나요?

구쌤　아무리 좋은 기계라도 매번 정확한 양이 분쇄되어 나오지 않습니다. 청소 상태와 원두의 볶음도 등에 따라 양이 들쭉날쭉한 경우도 종종 있습니다. 수동 그라인더가 불편하다면 반자동 그라인더를 선택해도 나쁘지 않아요. 자동 그라인더를 구매하면 하루에도 몇 번씩 분쇄되는 원두의 양을 체크해야 합니다.

연희　맛있는 커피 한 잔을 얻기가 참 어렵네요. 그라인더를 선택하는 데 이렇게 많은 점을 고려해야 할 줄은 정말 몰랐어요. 고장 빈도와 사후 서비스에는 어떤 것이 있나요?

구쌤　그라인더는 웬만해서 고장 나지 않아요. 앞에 언급했다시피 콘덴서가 나가는 경우가 가끔 있고, 사용량에 따라 칼날을 교체하는 정도죠. 문제는 사후 서비스예요. 비용을 절약하려고 고장 시 바로 수리하기 어려운 제품을 구매하면 큰 낭

기계식 그라인더 종류

수동 그라인더

자동 그라인더

패를 볼 수 있어요. 내구성이 좋은 제품군이라도 이런 부분을 간과하면 안 됩니다.

　연희　기계식 그라인더의 청소는 어떻게 할까요?

　구쌤　분해 청소와 그라인더 청소 전용 약품을 사용하는 방법이 있습니다. 칼날을 교체할 때는 당연히 분해 청소가 가능하니 제외하고요. 바리스타라면 1년에 한두 번은 그라인더

분해 청소를 해봐야 청결 유지는 물론이고 커피를 이해하는 데 도움이 됩니다. 원두 사용량에 따라 주기적으로 곡물 가루를 압축해 만든 알약으로 청소하면 커피 기름때를 제거할 수 있습니다.

연희 그라인더 상단에 원두를 담는 호퍼가 있잖아요. 여기 기름이 묻던데, 어떻게 청소하면 좋을까요?

구쌤 매일 호퍼를 분리해 마른행주로 닦거나, 주방용 연성 세제로 기름때를 제거하는 방법이 있습니다. 마른행주로 닦기만 해도 커피 기름의 산패에 따른 맛의 변질을 방지할 수 있습니다. 적어도 일주일에 한 번은 호퍼를 분리해 세제로 기름때를 닦아주는 게 좋고요.

정리 | 기계식 그라인더 선택 시 우선 예산을 정하고, 칼날의 크기와 소재, 형태, rpm, 호퍼 용량, 수동 혹은 자동, 고장 빈도, 사후 서비스 등을 고려해야 한다. 무엇보다 주기적으로 청소해야 일정한 분쇄도와 정량 토출을 기대할 수 있다.

숙제 | 에스프레소의 정의와 맛있는 에스프레소를 추출하기 위해 어떤 노력이 필요한지 생각해 오세요.

2장

—

에스프레소와
머신

8강

에스프레소란
무엇인가?

[학습 목표]
에스프레소의 정의를 이해하고 설명할 수 있다.

구쌤 세상에서 가장 빠르게 추출한 커피는 무엇일까요?

연희 에스프레소입니다.

구쌤 아니에요. 자판기 커피죠. 동전을 넣고 10초도 안 돼 커피가 나오니까요. 어떤 의미에서 보면 자판기 커피가 한국식 에스프레소라고 할 수도 있어요. 전통적인 에스프레소의 정의에는 부합하지 않지만, '고온'과 '빠르다'라는 의미에 충실하거든요.

연희 선생님, 에스프레소는 정확히 어떤 커피인가요?

구쌤 에스프레소는 '빠른'이라는 이탈리아어 뜻 그대로 빠르게 추출한 커피입니다. 그러나 이것만으론 부족해요. 고온과 고압을 더하면 정의에 충실해지죠. 에스프레소 솔로는 '설탕보다 작고 밀가루보다 크게 분쇄한 원두 약 8g을 9기압과 93℃ 물로 20~30초 동안 추출한 커피 원액 20~30ml'입니다. 에스프레소 도피오는 원두가 15~16g, 추출한 커피 원액이 40~60ml죠.

연희 에스프레소의 정의가 이렇게 어려운 줄 몰랐어요. 이걸 어떻게 외우죠? 꼭 외워야 해요?

구쌤 문장 그대로 외우긴 어렵지만, 본인의 언어로 바꾸면 조금 편해요. 무엇보다 왜 이렇게 정의하는지 이해해야 합니다. 커피의 기본이 되는 메뉴가 에스프레소니까 정확히 이해하지 않으면 뒤로 갈수록 어려워질 수 있어요.

연희 어떻게 해야 쉽게 이해할 수 있을까요?

구쌤 쪼개서 이해하면 쉬워요. 우선 '설탕보다 작고 밀가루보다 큰 원두'를 생각해봅시다. 에스프레소 머신은 고압으로 뜨거운 물을 커피 층에 통과시켜 추출합니다. 분쇄한 원두가 크면 물은 금세 커피 층을 통과해 묽은 커피가 되죠. 이를 과소 추출이라고 합니다. 그렇다고 너무 작으면 추출이 되지 못하거나 속도가 느려 추출을 망치는데, 이를 과다 추출이라고 해요. '설탕보다 작고 밀가루보다 크다'는 적당한 원두 굵기를 비유적으로 설명한 표현입니다.

연희 그라인더로 분쇄한 원두를 손으로 만졌을 때 그 정도 굵기라는 말씀이네요. 평소 감을 익혀야겠어요.

구쌤　그렇죠. 분쇄한 원두를 수시로 확인하면 감이 생기고, 커피 공부에 도움이 됩니다. 원두 양은 사람에 따라 조금씩 차이가 날 수 있는데, 8g 정도면 괜찮다는 의미로 제시한 것입니다. 에스프레소 머신의 역사에서 배우겠지만, 9기압은 돼야 보기 좋고 맛있는 크레마가 형성됩니다. 현실적으로 9~10기압이면 큰 문제가 없지만, 10기압이 넘으면 기계에 무리가 가서 고장의 원인이 되기도 합니다.

연희　크레마는 에스프레소에 떠 있는 기름 층이죠? 어떤 사람들은 콜레스테롤 우려 때문에 걷어내기도 하던데요.

구쌤　간혹 콜레스테롤 수치가 높은 사람들은 크레마를 걷어내고 마시기도 합니다. 크레마는 에스프레소의 산패 속도를 잠시나마 늦추고, 무엇보다 특유의 부드러운 식감이 매력적이죠.

연희　선생님, 물 온도는 왜 93°C예요? 물은 100°C에서 끓으니까 끓는 물로 추출하는 게 좋지 않아요?

구쌤　대개 그렇게 생각하는데, 100°C 물을 사용하면 불쾌한 쓴맛과 잡미가 추출돼 커피 맛을 해칩니다. 경험적으로 93°C일 때 맛이 좋아 기준을 정했죠. 쓴맛을 조금 더 강조하고 싶으면 94~95°C로 추출하기도 합니다. 다만 추출 온도를 조절할 수 있는 에스프레소 머신은 비싸고, 대개는 제품 출고 시 추출 온도가 설정됩니다.

연희 물의 온도에 따라 커피 맛이 달라지기도 하는군요. 물의 온도가 낮으면 커피 맛이 어때요?

구쌤 핸드 드립 수업 때 배울 내용을 잠깐 말씀드리면, 신맛과 물의 온도는 반비례하는 경향이 있습니다. 물의 온도가 높을수록 쓴맛이 강조되고, 낮을수록 신맛이 드러난다고 이해하면 될 것 같아요. 이제 추출량과 시간에 대해 알아보죠. 에스프레소는 추출 버튼을 누르고 3~4초 지나면 커피가 나옵니다. 불리는 과정을 거친 뒤 추출되는 겁니다. 1초 만에 커피가 추출된다면 원두 양이 적거나 분쇄도가 기준보다 크지 않은지 확인해야 합니다. 반대로 5초가 지나도 추출되지 않는다면 원두 양이 많거나 분쇄도가 작은 것입니다. 물론 탬핑tamping[*] 세기에 따라 영향을 받기도 하는데, 원두 양이나 분쇄도에 비해 영향이 적습니다.

연희 맛있는 에스프레소는 추출되는 순간을 보면 알 수 있겠네요. 지난 시간에 선생님께서 에스프레소의 정의와 맛있는 에스프레소를 위해 어떤 노력이 필요한지 생각해 오라고 하셨잖아요? 저는 '에스프레소는 과학'이라고 생각합니다. 도징부터 추출까지 모든 과정을 계량화할 수 있고, 모든 동작은 정확하고 신속하게 해야 하니까요.

---

[*] 포터 필터에 담긴 원두를 탬퍼tamper로 다지는 일.

구쌤 정확히 이해하셨네요. 마지막으로 추출 시간이 지나치게 길면 어떤 문제가 발생할까요? 상식적으로 추출 시간이 길면 추출량이 많아지고, 추출량이 많아지면 커피 농도가 옅어지니 덜 쓰지 않을까 생각합니다. 농도는 옅어질 수 있으나 커피의 불쾌한 쓴맛은 강해집니다. 원두가 열에 오랜 시간 노출되면서 발생하는 문제죠. 뒤에서 배우겠지만, 에스프레소 룽고lungo*가 에스프레소리스트레토ristretto**보다 쓴 것은 이 때문입니다.

연희 리스트레토가 더 진하지만 덜 쓰다는 말씀이네요? 진하면 더 쓸 것 같은데 그렇지 않다는 게 신기해요.

구쌤 그게 바로 커피의 묘미입니다. 오늘 에스프레소에 대해서 배웠는데, 이 내용을 다시 한번 복습해서 완전히 이해하고 외우세요.

---

* 룽고는 이탈리아어로 '길다'라는 뜻이다. 에스프레소룽고는 길게 추출한 에스프레소라 상대적으로 쓴맛이 강하다.

** 리스트레토는 이탈리아어로 '농축하다' '짧다'라는 뜻이다. 에스프레소리스트레토는 짧게 추출한 에스프레소라, 더 농밀하나 상대적으로 덜 쓰다.

에스프레소 종류

에스프레소
솔로

에스프레소
리스트레토

에스프레소
룽고

정리| 에스프레소는 고온과 고압으로 짧은 시간에 추출한 커피 원액이다. 정확한 정
의는 '설탕보다 작고 밀가루보다 큰 원두 약 8g을 9기압과 93℃로 20~30초
동안 추출한 커피 원액 20~30ml'다. 이는 다시 투입하는 원두 양에 따라 솔로
와 도피오로 나눌 수 있다.

숙제| 에스프레소 머신을 발명한 배경과 그 과정에 대해 예습해 오세요.

에스프레소 머신의 역사

[학습 목표]
에스프레소 머신을 발명한 배경과 역사에 대해 이해하고 설명할 수 있다.

구쌤　지금은 카페에서 커피 한 잔을 추출하는 데 1분 안팎이면 충분하지만, 19세기까지만 해도 5분 가까이 걸렸습니다. 손님이 몰리는 시간에는 바리스타 여러 명이 부지런히 움직여도 감당하기 어려웠어요.

연희　그래서 커피를 빨리 추출할 수 있는 기계를 발명한 거죠? 지난 시간에 숙제를 내주셔서 검색해봤어요.

구쌤　이탈리아의 엔지니어 안젤로 모리온도Angelo Moriondo가 1884년, 커피를 한 번에 많이 추출할 수 있는 기계를 발명하고 특허를 냈습니다. 아쉽게도 그의 발명품은 전해지지 않고 사진조차 없지만, 다행히 설계도가 있습니다.

연희 모리온도가 발명한 커피 머신은 어떤 의미에서 에스프레소 머신이 아니죠? 빠르게 추출하는 것이 아니라 한 번에 많은 양을 추출하니까요.

구쌤 맞아요, 그의 발명품은 증기압식 커피 추출기라고 할 수 있습니다. 하지만 후대 사람들이 에스프레소 머신을 발명하는 데 영감을 주고, 커피 추출의 새 역사를 열었다는 점에서 의미가 있습니다. 1901년 이탈리아의 루이지 베제라Luigi Bezzera가 모리온도의 머신보다 한 단계 나간 에스프레소 머신을 발명합니다. 역시 증기압식이지만 커피를 미리 끓인 게 아니라, 주문을 받고 즉시 추출한 세계 최초의 싱글 샷 에스프레소 머신입니다.

연희 어쨌든 손님이 주문하면 짧은 시간에 커피를 추출하는 머신이네요?

구쌤 베제라는 재정적인 어려움 때문에 이듬해 특허를 데시데리오 파보니Desiderio Paboni에게 양도합니다. 파보니에 이르러 대량생산이 가능해졌고, 덕분에 많은 사람이 커피를 쉽고 편하게 즐겼죠. 파보니는 에스프레소 대중화에 이바지한 인물로 평가받습니다.

연희 클래식한 에스프레소 머신 가운데 '라 파보니La Pavoni' 시리즈가 그의 이름을 딴 기계군요. 너무 멋스러워서 한 대 갖고 싶더라고요.

구 쌤 당시 발명한 기계가 아직 멀쩡하게 작동하니까요. 콜롬비아에 커피 여행하러 갔을 때, 100년이 넘은 기계로 커피를 추출하는 모습을 보고 참 대단한 기계라는 생각이 들었습니다. 구조가 간단하고 내구성이 뛰어나죠. 파보니 이후 40년이 지나 이탈리아의 아킬레 가지아Achille Gaggia가 새로운 에스프레소 머신을 발명합니다. 맞혀보세요.

연 희 지난 시간에 말씀하신 크레마가 형성되기 시작한 때가 가지아 이후인가요?

구 쌤 맞아요, 예습을 잘하셨군요. 이때부터 증기압식이 피스톤식으로 바뀌었어요. 증기압식은 고압을 얻기 위해 물을 끓여야 하는데, 물이 100℃ 이상으로 올라가면 커피 추출 시 불쾌한 쓴맛과 잡미가 났습니다. 가지아의 새 발명품은 압축한 용수철로 커피를 추출하기 때문에 9기압을 얻었고, 이로 인해 뜻밖의 산물인 크레마를 발견했죠.

연 희 현대적 의미의 에스프레소 머신은 가지아가 만들었다고 볼 수 있겠네요? 좀 전에 제가 갖고 싶다고 말씀드린 라 파보니 시리즈도 레버로 용수철을 압축해 커피를 추출하는 방식이에요.

구 쌤 엄밀히 말하면 현대적 의미의 에스프레소 머신은 1961년 훼마Faema라는 회사에서 개발했어요. 이전까지 증기압이나 압축한 용수철의 힘으로 커피를 추출했다면, 이때부터 전동 펌프가 압력을 가해 커피를 추출했죠. 간편하고 힘이 덜 들면서 안정적인 추출이 가능해진 겁니다.

연희　현재 카페에서 사용하는 에스프레소 머신은 전동 펌프식인가요?

구쌤　맞아요. 보일러 수에 따라 일체형이나 독립형으로 구분합니다. 온수와 스팀을 관장하는 보일러와 추출을 담당하는 보일러가 따로 있으면 독립형 보일러입니다. 한 보일러가 모든 것을 담당하면 일체형 보일러죠.

연희　독립형 보일러가 일체형 보일러보다 안정적일 것 같아요.

구쌤　아무래도 온수와 스팀 사용의 영향을 덜 받기 때문에 안정적인 추출이 가능합니다. 상대적으로 비싸고요. 그룹 헤드마다 보일러에 해당하는 황동 코일이 있습니다. 요즘에는 보일러가 세 개인 하이엔드급 에스프레소 머신도 있어요. 온수부와 스팀부, 그룹 헤드에 보일러가 있어 작업을 더 안정적으로 수행합니다.

연희　그런 머신은 추출 온도와 유량까지 조절 가능하다고 들었는데, 그룹마다 온도를 달리해 맛의 차이를 확인할 수 있겠네요?

구쌤　그렇습니다. 예를 들어 1그룹은 92℃, 2그룹은 93℃, 3그룹은 94℃로 설정하면 커피 맛의 미세한 차이를 느낄 수 있습니다. 적어도 1그룹과 3그룹은 맛이 유의한 차이를 보일 겁니다. 요즘 하이엔드급 머신은 터치스크린이 적용돼 세팅

에스프레소 머신의 발전

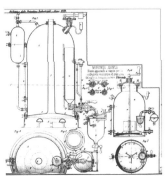

안젤로 모리온도가 발명한
세계 최초의 에스프레소 머신 도면

증기압식 에스프레소 머신

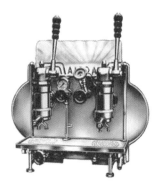

피스톤식 에스프레소 머신

전동 펌프식 에스프레소 머신

하기도 쉬워요.

연희 그렇다면 바리스타의 역량이 중요하지 않겠네요?

구쌤 어떤 면에서는 그럴 수도 있습니다. 인건비 부담을 줄이고 일정한 맛을 유지하기 위해 등장한 로봇 바리스타 때문이죠. 로봇이 도징부터 탬핑, 추출 버튼 누르기까지 할 수 있는 시대입니다. 이 부분은 5장 '바리스타 바로 세우기'에서 다시 언급할 겁니다. 하지만 고객 입맛이 점점 까다로워지고 경쟁은 더 치열해진다는 건 확실합니다. 에스프레소 머신에 대한 이해와 숙련도가 필요한 이유죠.

연희 에스프레소 머신 발명부터 로봇 바리스타까지 한 세기 동안의 변화상을 재미있게 배웠습니다. 커피를 확실히 이해하고 에스프레소 머신을 잘 다루도록 더 노력하겠습니다.

정리 | 1884년 이탈리아의 안젤로 모리온도가 세계 최초로 에스프레소 머신을 발명했다. 에스프레소 머신은 증기압식, 피스톤식, 전동 펌프식 순으로 발전했다. 가지아의 피스톤식 머신으로 크레마를 발견했으며, 현대의 에스프레소 머신은 전동 펌프식으로 보일러 수에 따라 구분한다.

숙제 | 에스프레소 머신의 내·외부 구조에 대해 예습해 오세요.

10강
머신의 종류와 구조

[학습 목표]
캡슐 커피 머신부터 상업용 에스프레소 머신까지 작동 원리와 내·외부 구
조에 대해 이해하고 설명할 수 있다.

구쌤　요즘은 집이나 회사에서 에스프레소 머신을 갖추고
커피를 즐기는 분이 꽤 많습니다. 가정용 에스프레소 머신은
대개 물이 서모블록thermoblock을 통과하면서 가열되기 때문
에 연속 추출이 어렵죠. 그래도 편리하고 결과물이 나쁘지 않
아 커피 애호가들이 찾고 있습니다.

연희　캡슐 커피 머신도 일반 에스프레소 머신과 작동 원리
가 같아요?

구쌤　편리성을 위해 몇 단계 과정이 생략된 것 외에 추출
원리는 별다르지 않습니다. 분쇄한 원두 정량이 캡슐에 담겨

있어 기계에 넣고 버튼을 누르면 추출이 시작되죠. 캡슐 위아래로 바늘구멍이 여러 개 뚫리고, 그곳에 뜨거운 물이 들어가면서 캡슐에 순간적으로 고압이 가해져 커피가 추출됩니다.

연희 편리한 대신 원두의 신선도에 따라 맛의 차이가 클 것 같아요.

구쌤 맞아요, 캡슐 커피의 품질은 원두의 신선도에 좌우된다고 해도 과언이 아닙니다. 기계마다 특징이 있지만, 큰 차이는 없고 어떤 원두를 사용하느냐에 따라 맛이 다르죠. 요즘은 빈 캡슐에 분쇄한 원두를 담을 수 있는 제품이 출시돼 편리함과 신선한 커피를 원하는 사람에게 대안이 되고 있습니다.

연희 지난 시간에 선생님께서 에스프레소 머신의 구조에 대한 숙제를 내주셨는데, 얼핏 보기에도 복잡해서 어떻게 공부해야 할지 모르겠어요.

구쌤 상업용 에스프레소 머신을 기준으로 외관은 크게 스팀부, 온수부, 추출부, 배수부, 압력 게이지, 전원으로 구분할 수 있습니다. 내부 역시 스팀부, 보일러부, 추출부로 나눠 생각하면 이해하기 쉽죠. 바리스타가 에스프레소 머신을 수리하는 일은 거의 없지만, 내·외부 구조를 이해하고 사용하면 고장을 방지할 수도 있습니다. 고장이 나도 어느 부분에 문제가 생겼는지 알면 단순한 문제는 간단한 조작으로 해결 가능하고요. 우리가 에스프레소 머신의 구조를 알아야 하는 이유입니다.

연희 외부는 그렇다 해도 내부는 수많은 전선과 좁은 금속

관이 복잡하게 얽혀서 도무지 뭐가 뭔지 모르겠어요.

구쌤 외관부터 설명하겠습니다. 스팀부는 스팀 레버와 스팀 노즐로 돼 있죠. 스팀 노즐에는 화상 방지를 위한 고무 손잡이와 노즐 끝에 팁이 있습니다. 팁은 구멍이 2~5개로 다양한데, 필요에 따라 교체 가능합니다. 온수부는 온수 버튼과 온수기로 구성되는데, 아메리카노를 만드느라 온수를 많이 쓰면 추출할 때 온수 공급에 문제가 생길 수 있으니 주의해야 합니다.

연희 온수기를 별도로 쓰는 게 좋다는 말씀인가요?

구쌤 맞아요, 음료를 만들 때 필요한 온수는 정수기를 연결한 온수기로 쓰는 것이 안정적인 추출을 위해 좋습니다. 추출부는 추출 버튼, 그룹 헤드, 포터 필터로 구성됩니다. 독립형 보일러는 그룹 헤드에 황동 코일이 있습니다. 포터 필터는 바스켓, 필터 홀더, 바스켓 홀더 스프링으로 구성되죠. 간혹 바닥이 뚫린 포터 필터가 있는데, 이를 바텀리스 포터 필터라고 부릅니다.

연희 바텀리스 포터 필터를 사용할 때, 커피가 송골송골 맺히고 아래로 쭉 흐르며 에스프레소가 추출되는 모습이 정말 신기했어요.

구쌤 추출이 잘된 경우에 그렇고요, 과소 추출이 되면 커피가 주변으로 튀어 에스프레소 머신이 지저분해지죠. 배수부는 드립 트레이 그릴과 드립 트레이로 구성돼요. 드립 트레이 그

릴은 스테인리스 창살이라 커피 잔이나 샷 글라스 받침대로 쓰이죠. 드립 트레이는 스테인리스와 플라스틱으로 되어 있는데, 드립 트레이 그릴을 통과한 물과 커피 찌꺼기 등을 배수구로 흘려보냅니다. 압력 게이지는 추출 펌프와 보일러의 압력을 표시합니다. 전자는 대개 0~16기압 눈금이 있고, 정상 범위는 9~10기압입니다. 후자는 보통 0~2.5기압으로 정상 범위는 1~1.5기압입니다. 압력이 정상 범위 밖에 있으면 업체에 연락해서 점검을 받아야 합니다.

연희 압력이 지나치게 정상 범위 밖에 있으면 머신이 폭발하기도 하나요?

구쌤 간혹 머신 내부의 관이 터지거나 보일러가 폭발하기도 합니다. 만에 하나일 뿐이니 주의해서 사용하면 큰 문제는 없습니다. 에스프레소 머신의 전원은 이진수로 된 경우가 많아요. 즉 0은 전원이 OFF, 1은 ON이라고 보시면 됩니다. 전원은 대개 다이얼과 스위치 두 종류가 있고요.

연희 전원을 켜면 바로 추출 가능한가요?

구쌤 가장 간단한 캡슐 커피 머신도 추출 상태가 되기 위해서는 1분 정도 걸립니다. 상업용 에스프레소 머신은 기계에 따라 차이가 있지만, 약 10분이 걸린다고 생각하고 준비해야 합니다. 머신 내부는 크게 세 가지만 기억하면 됩니다. 스팀부의 스팀 밸브, 보일러부의 온수 밸브, 추출부의 펌프 헤드예요.

에스프레소 머신의 외부 구조와 특징

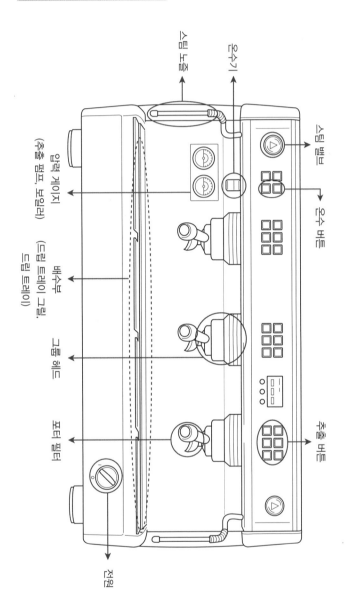

스팀 노즐

온수기

압력 게이지
(추출 펌프, 보일러)

배수부

그룹 헤드

포터 필터

(드립 트레이 그릴,
드립 트레이)

스팀 밸브

온수 버튼

추출 버튼

전원

에스프레소 머신의 내부 구조와 특징

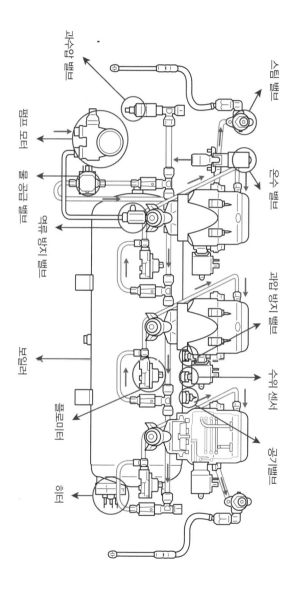

연희 주로 고장 나거나 문제가 생기는 예란 말씀이죠?

구쌤 그렇습니다. 스팀 밸브는 스팀의 양을 조절하는 것으로, 오래 사용하면 마모돼 스팀이 샙니다. 온수 밸브는 외부 온수기의 온수 개폐를 담당하는 것으로, 스팀 밸브처럼 마모될 경우 완전히 잠가도 물이 한 방울씩 떨어집니다. 펌프 헤드는 머신 외부의 펌프 압력 게이지가 낮을 때 헤드 나사를 시계 방향으로 돌리면 압력이 높아집니다. 압력이 높을 때 헤드 나사를 시계 반대 방향으로 돌리면 압력이 낮아지고요. 추출에 적합한 펌프 압력은 9~9.5기압입니다.

연희 펌프 헤드의 나사를 조절해도 압력이 변하지 않으면 어떡해요?

구쌤 새것으로 교체해야죠. 에스프레소 머신을 오래 사용하면 흔히 펌프 헤드가 고장 납니다. 머신 수리 업체에 연락해 반드시 수리해야 합니다. 스팀 밸브와 온수 밸브 역시 자가 점검 후 해결되지 않으면 전문가의 도움을 받으세요.

정리 | 에스프레소 머신의 내·외부 구조를 알면 고장을 예방하고, 고장 시 간단한 문제는 해결할 수 있다. 에스프레소 머신이 고장 나면 카페 영업이 중단되기 때문에 무엇보다 중요하다. 평소 머신의 상태를 확인하는 습관을 길러야 한다.

숙제 | 에스프레소 머신을 선택할 때 고려할 점을 생각해 오세요.

11강

어떤 머신을
선택할까?

[학습 목표]
에스프레소 머신 구입 시 고려할 점에 대해 이해하고 설명할 수 있다.

구쌤 카페 기계와 용품 중 가장 신경 써야 할 것은 에스프레소 머신입니다. 대개 예산에 맞춰 중고나 신품 에스프레소 머신을 구입하죠. 중고는 머신의 사용 이력을 알면 큰 도움이 됩니다만, 보통 중고 판매업자를 통해 구입하는 것이 현실입니다. 중고차만큼은 아니지만, 에스프레소 머신도 중고를 잘못 구입하면 큰 낭패를 볼 수 있으니 주의해야 합니다.

연희 에스프레소 머신을 선택할 때 가장 먼저 고려해야 할 점은 뭔가요?

구쌤 평소 마음에 둔 머신이 있다면 신품이나 중고를 찾아

구매하면 됩니다. 아무것도 정하지 못했다면 여러 가지 에스프레소 머신을 경험하는 게 좋습니다. 주변에 전문가가 있다면 의견을 구하는 것도 방법입니다.

연희 주변에 전문가가 없는 경우가 대부분 아닐까요?

구쌤 카페를 창업하려는 사람들은 커피 학원에 다녔거나 카페에서 일한 경험이 있을 겁니다. 커피 학원 강사나 원장에게 의견을 구해도 좋고, 카페를 운영하는 분들께 지금 사용하는 머신의 장단점을 물어보는 방법도 있습니다.

연희 막상 물어보려고 해도 어떤 것을 물어봐야 할지 모르겠어요.

구쌤 아는 것이 없으면 물어볼 것도 없죠. 그래서 제가 몇 가지 정리했습니다. 첫째, 에스프레소 머신의 기능입니다. 둘째, 내구성과 사용 편의성입니다. 셋째, 사후 관리입니다. 넷째, 디자인입니다. 이 네 가지를 고려하고, 본인의 예산에 맞게 구입하면 됩니다.

연희 제가 정말 궁금했던 것을 네 가지로 정리해주시네요.

구쌤 한 가지씩 살펴볼까요. 첫째, 기능적인 면은 추출과 스팀으로 나눌 수 있습니다. 이를 위해서는 보일러가 중요하죠. 독립형 보일러와 일체형 보일러가 있는데, 그룹마다 황동 코일로 된 작은 보일러가 있는 것이 독립형 보일러입니다. 미세한 온도 조절과 안정적인 추출이 가능하지만, 일체형 보일러보다 조금 비싼 편이에요. 원두의 미세한 양에 따라 추출 시간 변화가 큰 것보다 작은 게 좋습니다. 완벽한 추출을 위해서는 작은 변화도 반영해야 하지만, 실제 카페 현장에서는 일관성과 안정성이 우선이기 때문이죠.

연희 도징의 양에 따라 추출 시간이 달라지는 점을 말씀하시는 거죠? 정말 미세한 양에도 추출 시간이 4초 가까이 차이 나는 경우가 있었어요.

구쌤 연속 추출했을 때 얼마나 안정적으로 일정하게 추출되는지 확인해야 합니다. 손님이 몰리면 10잔 이상 연속으로 추출하는 경우가 있는데, 머신에 따라 결과물이 확연히 다릅니다. 이제 스팀을 살펴보죠. 알다시피 스팀은 우유를 데우고 거품을 만드는 데 필수적입니다. 우유의 양에 따라 스팀 세기를 조절하기 때문에 스팀 밸브의 역할이 중요합니다.

연희 제가 레버형 스팀 밸브로 연습한 적이 있어요. 레버를 내려 스팀 양을 조절하는 머신이었는데, 스티밍 도중에 레버가 조금씩 원래 자리로 돌아가서 스팀 세기를 조절하기 어렵더라고요.

구쌤 바리스타는 그런 부분이 정말 신경 쓰이고, 결국 스트레스가 되죠. 둘째, 내구성과 사용 편의성을 살펴봅시다. 요즘은 기술이 좋아져서 웬만하면 고장이 안 나지만, 세월 앞에 장사 없듯이 머신도 사용 기간과 횟수가 늘어날수록 고장이 납니다. 머신이 갑자기 멈추는 경우는 거의 없어요. 문제가 생기기 전에 펌프 압력이 달라지거나 평소 안 나는 소리가 나는 등 전조 증상이 있습니다. 이때 간단한 수리를 하면 큰 문제를 막을 수 있습니다. 사용 편의성은 추출 버튼, 온수 레버, 스팀 레버, 포터 필터의 그립감, 청소 등이 해당합니다. 매일 마감할 때 머신의 각 그룹에 포터 필터를 끼우고 약품 청소를 해야 하는데, 자동 청소 기능이 있는 것과 없는 것은 정말 차이가 큽니다.

연희 어떤 머신은 추출 시 버튼을 한 번 눌렀는데, 투 터치가 되기도 했어요.

구쌤 투 터치가 되면 정말 난감하죠. 셋째, 사후 관리에 대해 알아볼까요? 문제가 생겼을 때 적어도 하루 이틀 내 수리가 가능하고, 부품을 구할 수 있는 것이 중요합니다. 현장에서 고칠 수 없다면 수리할 때까지 대체 머신 공급이 가능한지도 살펴봐야죠. 그다음 부품 값을 알아두면 좋습니다. 어떤 머신은 부품 값이 터무니없이 비싼 곳이 있으니, 이런 곳은 피하세요.

연희 머신이 멈추면 정말 난감하겠어요. 특히 연휴에 기계가 잘못되면 어떡할지 생각만 해도 아찔하네요.

구쌤 에스프레소 머신이 전조 증상 없이 어느 날 갑자기 멈추는 경우는 거의 없으니까 너무 걱정하지 마세요. 마지막으로 디자인입니다. 다른 게 마음에 조금 안 들어도 머신의 디자인이 예뻐 선택하는 경우가 있어요. 우리 속담에 '보기 좋은 떡이 맛도 좋다'지만, 우선순위는 디자인이 아니라 앞서 언

레버형 에스프레소 머신

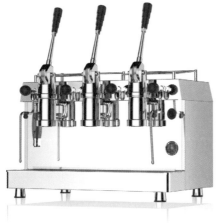

©www.fracino.com

커피 로봇

©roboticsandautomationnews.com

급한 내용이니 디자인에 너무 현혹되지 않았으면 합니다. 물론 기능적으로 차이가 없다면 보기 좋은 머신을 선택해야죠.

연희 선생님, 예산은 어느 정도 잡아야 할까요?

구쌤 카페 창업 전체 예산에서 몇 %를 에스프레소 머신 구입에 잡아야 한다고 말하긴 어려워요. 다만 인테리어에 쓸 돈을 조금 아낄 수 있다면 머신 구입에 더 쓰라고 말하고 싶습니다. 그렇다고 하이엔드급 머신을 추천하는 것은 아닙니다. 형편과 카페 스타일에 맞는 머신을 선택해야죠. 중고 머신을 구입할 때도 앞서 언급한 네 가지를 고려해야 합니다.

정리 | 에스프레소 머신을 선택하기 전에 기억해야 할 점은 기능, 내구성과 사용 편의성, 사후 관리, 디자인이다. 이 네 가지를 고려하고 본인의 예산에 맞게 신품이나 중고를 구입하면 된다.

숙제 | 에스프레소 머신에서 고장이 잘 나는 곳과 고장 시 대처법을 생각해 오세요.

12강

머신 사용 시
문제와 해결 방법

[학습 목표]
에스프레소 사용 시 문제가 발생하면 그 원인을 파악하고 해결 방법을 찾을 수 있다.

구 쌤 　에스프레소 머신을 사용하다 보면 간혹 이상이 발생합니다. 전원을 켜지 않아 머신이 작동하지 않는 경우부터 보일러의 물이 넘치는 문제까지 다양하죠. 바리스타의 부주의라면 간단히 해결되지만, 중요 부품이 고장 나면 수리가 끝날 때까지 머신을 사용할 수 없어 카페 영업에 치명적인 타격을 줍니다.

연 희 　에스프레소 머신 고장 사례를 몇 가지 설명해주실 수 있을까요?

구 쌤 　스팀, 온수, 추출에서 발생할 수 있는 문제를 각각 예를 들어 설명할게요. 스팀부터 살펴보죠. 스팀 밸브를 완전히 닫아도 미세하게 스팀이 새고, 팁 아래 물방울이 고일 때가 있어요. 이 경우 스팀 노즐이 굉장히 뜨거워 자칫하면 화상을 당할 수 있으니 주의해야 합니다. 보일러는 수증기를 일정량 유지하기 위해 계속 작동합니다. 이게 반복되면 스팀뿐만 아니라 다른 부품이 고장 나는 원인이 되기도 하죠.

연희 스팀 밸브를 더 세게 잠그면 안 되나요?

구쌤 에스프레소 머신의 스팀과 온수 밸브는 닫고 열 때 밸브가 돌아가지 않을 때까지 잠그거나 열지 않아도 일정 수준이 되면 그 기능을 할 수 있게 유격을 둬요. 스팀 밸브를 완전히 잠그지 않아도 그 전에 스팀을 차단하는 거죠. 열 때도 마찬가지고요.

연희 그럼 이런 경우 어떻게 대처해요?

구쌤 대개 스팀 밸브 패킹에 문제가 있을 거예요. 오래 사용해서 마모됐거나 밸브 불량이거나 둘 중 하나죠. 이 경우 밸브 패킹을 교체하면 문제는 간단히 해결됩니다. 바리스타가 직접 교체하기 어려우니 업체 엔지니어를 부르는 게 좋습니다.

연희 중고 머신을 구입했다면 스팀 밸브 패킹 교체를 요구해도 좋겠네요.

구쌤 그렇습니다. 머신 사용량에 따라 다르겠지만, 그 부분을 확인하면 나중에 서로 불편한 일이 없겠죠. 다음은 온수를 살펴볼게요. 스팀과 마찬가지로 온수 밸브를 잠가도 물이 똑똑 떨어진다면 밸브 패킹을 교체하세요. 그런데 갑자기 온수가 너무 미지근하다면 몇 가지를 확인해야 합니다. 첫째, 히터 불량 여부입니다. 둘째, 압력 스위치 불량 여부입니다. 셋째, 보일러에 공기가 찬 경우입니다. 넷째, 안전 스위치 작동 여부입니다. 이 역시 전문가의 도움을 받아야 합니다.

연희 단순히 머신으로 온수를 많이 써서 미지근해지는 경우도 있겠죠?

구쌤 맞아요. 일체형 보일러는 추출에도 큰 영향을 미치기 때문에 온수기를 따로 쓰는 게 좋습니다. 추출 속도가 갑자기 빨라지기도 해요. 여러 가지 원인이 있지만, 간혹 포터 필터 바스켓이 깨져서 이런 현상이 생길 수 있습니다. 파손 여부는 자세히 보지 않으면 육안으로 확인하기 어렵습니다. 바스켓을 새것으로 교체했는데 이상이 있다면 분쇄한 원두의 굵기나 볶음도, 도징 시 원두의 양을 확인하세요.

연희 바스켓이 파손되는 경우도 있나요? 굉장히 튼튼해 보이던데요.

구쌤 알다시피 바스켓에는 수많은 구멍이 있어요. 추출 펌프의 압력이 높거나 포터 필터에 너무 많은 원두를 담는 일이 반복되면 바스켓이 미세하게 깨질 수 있습니다. 이는 추출 속도가 빨라져 과소 추출의 원인이 됩니다. 예를 들어 14g 바스켓에 지속적으로 16g을 담는 경우죠. 원두 양을 많이 담고 싶다면 16g이나 18g 바스켓을 쓰는 것이 좋습니다.

연희 탬퍼로 꾹 눌러 그룹에 장착하면 아무 문제가 없는 줄 알았는데, 바스켓이 깨질 수 있군요?

구쌤 추출 압력이 10기압을 초과하는 경우, 에스프레소 머신 전체에 무리가 갈 수 있습니다. 이 현상이 지속되면 다른 부품에도 영향을 미치기 때문에 신속하게 조치해야 합니다. 대부분 펌프 모터의 헤드 나사를 시계 반대 방향으로 돌려 압력을 낮출 수 있습니다. 그래도 문제가 해결되지 않으면 머신 업체에 연락해서 정밀 점검을 받아야 합니다.

연희 머신 외부뿐만 아니라 내부 구조를 알아야 하는 이유가 여기 있었군요.

구쌤 내부 구조를 완벽하게 알 필요는 없지만, 부품의 위치나 기능에 관해서는 학습해야 합니다. 그렇지 않으면 문제가 생겼을 때 발만 동동 구를 수밖에 없어요. 눈뜬장님 신세가 되는 거죠. 마지막으로 추출이 멈추지 않는 경우가 있어요. 추출 버튼이 계속 눌린 경우, 추출 버튼을 다시 눌러 빼도 해결되지 않으면 버튼 일부나 회로 전체를 교체해야 합니다. 플로미터 센서에 이상이 있는 경우, 추출이 멈추지 않을 수 있습니다. 플로미터는 추출 시 물의 양을 감지하는 장치로, 센서가 고장 나거나 구멍이 막히면 문제가 발생합니다. 불량일 경우 추출 시간이 길거나 짧아지는데, 센서를 교체하면 문제가 해결됩니다.

연희　머신 사용할 때 생길 수 있는 문제에 대해서 말씀을 들으니 머신 공부를 좀 더 깊이 하고 싶네요.

구쌤　에스프레소 머신에 대한 이해가 깊으면 커피를 잘하는 데 큰 도움이 됩니다. 오늘 몇 가지 예를 들어 설명했는데, 이것만이라도 기억해 현장에서 당황하는 일이 없기를 바랍니다.

정리┃　에스프레소 머신의 문제는 스팀부, 온수부, 추출부로 나눌 수 있다. 스팀이나 물이 샐 때는 밸브 패킹이 마모된 경우가 많으니 새것으로 교체하면 된다. 추출 속도가 빠른 경우 바스켓의 이상이나 원두 상태와 양을 확인한다.

숙제┃　정수기와 연수기의 차이, 정수기를 쓰는 이유, 어떤 경우 연수기를 써야 하는지 예습해 오세요.

정수기와 연수기

[학습 목표]
정수기의 종류와 원리, 연수기 사용법에 대해 이해하고 설명할 수 있다.

구쌤　우리 몸은 약 70%가 물로 구성되고, 물은 인간이 살아가는 데 공기 다음으로 필수 불가결한 물질입니다. 식수의 질은 우리 삶의 영속성을 위해 너무나 중요하죠. 정수기는 가정뿐만 아니라 음식점이나 카페에서 반드시 갖춰야 할 장치입니다.

연희　저는 음식점에서 주는 물이 못 미더워, 마실 물을 가지고 다녀요. 음식점에서 정수기를 잘 관리하고 있을지 의문스럽거든요.

구쌤　정수기는 설치하는 것보다 관리가 중요하죠. 정수기마다 규격 필터가 있고, 사용량에 따라 필터를 교체해야 합니다. 정수기 업체 직원이 정기적으로 방문해서 관리해주는 경우가 아니면 본인이 신경 써서 점검해야 합니다. 정수기는 필터 종류에 따라 역삼투압, 중공사막, 활성탄 방식 등으로 나눌 수 있습니다. 국내 상당수 정수기는 역삼투압 방식인데, 막 표면의 기공(구멍)이 0.001㎛로 사람 머리카락 굵기의 1/100만 크기입니다. 기공이 작다고 꼭 좋은 건 아니에요. 사람에게 유익한 무기물질까지 거르기 때문에 흔히 물맛이 없다고 합니다.

연희 물은 무미, 무색, 무취라지만 저는 물맛이 있다고 생각해요. 편의점에서 파는 생수도 제품마다 맛이 다르거든요. 특정 브랜드 생수가 저에게 잘 맞아 그것만 찾아요.

구쌤 사전적 의미로 물은 맛이 없고, 색이 없으며, 냄새가 없다고 합니다. 이는 어디까지나 순수한 물에 해당하고, 우리가 일상생활에서 접하는 물은 그렇지 않죠. 역삼투압 정수기 얘기를 더 해볼게요. 필터의 특성상 지하수를 쓰는 곳은 반드시 역삼투압 정수기를 써야 해요. 특히 에스프레소 머신에는 필수죠. 중공사막 정수기는 의료 분야에서 쓰던 방식이에요. 신장 투석 환자를 위해 발명했다가 정수기에 적용한 사례입니다. 기공이 역삼투압 방식보다 큰 0.01㎛로, 세균은 잡아내고 무기물질은 통과시킵니다. 상대적으로 저렴하고 기공이 크다 보니 단위시간에 정수량이 많지만, 무기물질을 거르지 못해 에스프레소 머신에는 적합하지 않습니다. 지하수를 쓰는 곳에서는 중공사막 정수기를 쓰면 안 됩니다.

연희 유해 세균은 거르고 무기물질은 거르지 못하니 물맛이 좋겠는데요?

구쌤 그럴 수 있습니다. 완벽하게 정수한 물은 맛이 밋밋할 수 있어 가정에서 중공사막 정수기를 씁니다. 마지막으로 활성탄 정수기는 기공이 $0.2\mu m$로, 유해 미세 입자를 거르고 무기물질은 통과시킵니다. 세균과 박테리아를 거르지 못하는 게 단점입니다. 자외선램프를 달면 유해 세균을 99.99% 제거할 수 있습니다.

연희 음식점에서 자외선램프가 달린 정수기를 본 것 같아요. 살균 효과를 위한 것인지 몰랐네요.

구쌤 음식점에서 활성탄 정수기를 쓰는 이유는 물의 비릿한 냄새를 없애고, 눈에 보이지 않는 색소를 흡착하기 때문이에요. 다만 지하수를 사용하는 곳에서는 적합하지 않아요.

연희 정리하면 에스프레소 머신을 쓰는 카페에는 역삼투압 정수기가 적합하고, 가정에서는 중공사막 정수기가 효과적이네요. 음식점에서는 활성탄 정수기면 충분하고요.

구쌤 한 가지가 빠졌죠. 지하수를 쓰는 곳에서는 역삼투압 정수기를 써야 합니다. 물은 무기물질 함량에 따라 연수와 경수로 구분할 수 있어요. 때에 따라 연수와 경수 사이에 중경수를 포함하기도 합니다.

정수기 원리

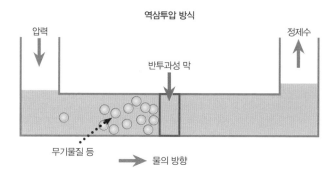

역삼투압 방식

압력

정제수

반투과성 막

무기물질 등

물의 방향

연수기 원리

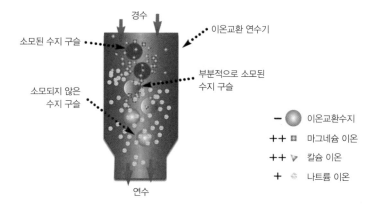

경수

소모된 수지 구슬

이온교환 연수기

부분적으로 소모된
수지 구슬

소모되지 않은
수지 구슬

연수

─ ⬤ 이온교환수지
++ ■ 마그네슘 이온
++ ▽ 칼슘 이온
+ ● 나트륨 이온

연희 전에 지하수로 머리를 감으면 뻣뻣한 까닭에 대해 들은 적이 있어요. 저도 시골 할머니 댁에 가면 샴푸를 써도 머리카락이 뻣뻣하더라고요. 엄마가 시골 물은 센물이라서 그렇다고 하셨어요.

구쌤 연수를 단물, 경수를 센물이라고 하죠. 물속에 칼슘염과 마그네슘염이 함유된 정도를 나타내는 경도가 100 이하인 물이 연수, 100을 초과하면 경수입니다. 일부에서는 경도가 101~300이면 중경수, 300을 초과하면 경수라고 합니다. 어쨌든 경도 100 이하는 연수입니다. 카페에서 이게 중요한 까닭은 에스프레소 머신 때문이죠. 머신 내부에 좁은 금속관이 많은데, 경수를 그대로 사용할 경우 머신 보일러와 좁은 관 내부에 불순물이 쌓여요. 이는 고장의 원인이 되며, 결과적으로 머신의 생명을 단축합니다.

연희 역삼투압 정수기를 설치하면 머신 내부에 불순물이 쌓이는 문제가 해결될까요?

구쌤 지하수를 쓰거나 카페가 섬이나 바다 가까이 있다면 연수기를 설치하는 게 좋습니다. 연수기는 말 그대로 경수를 연수로 만드는 장치인데, 한 번 설치하면 반영구적으로 쓸 수 있어 투자할 만합니다. 양이온교환수지에 따라 공급되는 물의 성분 중 칼슘과 마그네슘을 흡착·제거합니다. 연수기는 일정 기간 쓰면 효과가 떨어지는데, 이때 소금을 적당량 넣으면 됩니다.

연희 연수기의 연료가 소금인 셈이네요? 관리비가 저렴하겠어요.

구쌤 그렇죠. 카페가 바다 가까이 있거나 지하수를 쓴다면 연수기와 역삼투압 정수기를 함께 설치하는 게 좋습니다. 수돗물을 쓴다면 정수기로 충분합니다.

정리 | 정수기는 필터에 따라 역삼투압, 중공사막, 활성탄 방식으로 나눌 수 있다. 지하수를 쓰면 연수기와 역삼투압 정수기가 필수다. 연수기는 경수를 연수로 만드는 장치로, 일정 기간 사용한 뒤 기능이 떨어지면 소금을 넣는다.

숙제 | 카페에서 정수기를 설치하는 경우 필터 교체 주기와 그 이유에 대해 생각해 오세요.

14강

정수기
선택과 관리

[학 습 목 표]
에스프레소 머신, 제빙기, 온수기 등의 정수 필터로 적합한 것과 정수기
관리 방법에 대해 이해하고 설명할 수 있다.

　구쌤　이번 시간에는 카페에서 어떤 필터를 선택하고 관리
해야 하는지 알아볼게요. 브랜드마다 약간 차이가 있지만, 꼭
특정 브랜드를 고집할 필요는 없습니다. 그보다 교체하기 편
한지, 용량은 얼마나 되는지, 머신용인지 음료용인지에 따라
선택하면 됩니다.

　연희　머신용과 음료용 정수기가 따로 필요한가요?

　구쌤　매장 규모가 크거나 하루 평균 커피 판매량이 100잔
이 넘을 때, 적어도 에스프레소 머신과 다른 정수기를 구분해
서 써야 합니다. 에스프레소 머신용 한 대, 제빙기와 꼭지용

정수기 한 대를 쓰는 거죠. 이유는 크게 두 가지가 있습니다. 첫째, 정수 필터에 부하가 많이 걸려 에스프레소 머신 급수에 좋지 않은 영향을 미칩니다. 둘째, 에스프레소 머신의 불순물 방지를 위해 필터에 포함된 성분 때문입니다. 꼭지용 정수기로 물을 받으면 하얀 부유물이 보이는 경우가 있습니다. 이는 몸에 해로운 성분은 아니나, 혐오감이 드는 사람도 있죠.

연희 되도록 두 가지 정수기를 사용해야겠네요. 필터에 대해 숙제를 내주셔서 알아봤는데, 교체 주기는 사용량에 따라 다르다고 해요. 사용량이 적으면 교체하지 않아도 될까요?

구쌤 A 필터의 정수 한계 용량이 1만 ℓ인데, 이것을 에스프레소 머신용으로 쓰고 하루에 투 샷 커피 140잔을 추출한다고 합시다. 보통 에스프레소 투 샷을 추출할 때 사용하는 물이 95~100ml니까, 1만 ℓ면 약 10만 잔을 추출할 수 있는 양이죠. 하루 140잔이면 1년에 4만 7450잔이고, 약 4745ℓ에 해당합니다.

연희 이 경우에 이론상으로 2년에 한 번 정수 필터를 교체하면 될까요?

구쌤 그렇지 않아요. 추출 전후 그룹 샤워에 묻은 커피 가루를 떨어뜨리기 위해 물을 20~30ml를 쓸 거예요. 머신 온수기에서 물을 쓰기도 하고요. 한계 용량까지 쓰면 정수 기능이 현저하게 떨어지므로, 그 전에 교체하는 게 좋습니다. 보통 해마다 교체하면 됩니다.

연희　하루에 50잔 정도 판다면 정수 필터 교체 주기는 어떨까요? 3년은 좋지 않을 것 같아요.

구쌤　이런 부분이 애매한데, 자동차 타이어를 예로 설명할게요. 사람마다 연간 주행거리 차이가 커요. A가 1년에 1만km를 달리고, B는 5000km를 달린다고 합시다. 타이어 교체 주기는 3년 정도가 좋지만, 덜 달린다고 6년에 한 번 교체하면 어떨까요? 타이어가 경화돼 제동에 문제가 생기고, 자칫하면 크게 손상돼 사고로 이어질 수 있겠죠. 정수 필터도 사용량에 상관없이 오랜 기간 사용하면 정수 기능이 떨어집니다. 적어도 1년에 한 번은 교체하는 게 좋습니다.

연희　하루에 300잔을 파는 카페는 6개월에 한 번 교체해야겠네요.

구쌤　그렇죠. 필터 교체 시 겉에 다음 교체 날짜를 써놓으면 교체 시기를 놓치지 않을 거예요. 그리고 필터를 교체할 때는 반드시 급수 밸브를 잠가야 합니다. 간혹 급수 밸브를 잠그지 않고 교체 작업을 하다가 큰 낭패를 보는 경우가 있습니다. 아주 기본적인 것임에도 실수할 수 있으니 명심하세요. 정수 헤드와 필터를 교체하는 경우, 가능하면 필터 근처에 개폐 밸브를 다는 것이 편합니다.

연희　사용량에 상관없이 1년에 한 번은 필터를 교체해야 한다고 말씀하셨는데, 솔직히 이해가 안 가요. 필터는 타이어처럼 공기 중에 노출되지 않으니, 한계 용량을 사용하지 않았

다양한 정수 필터

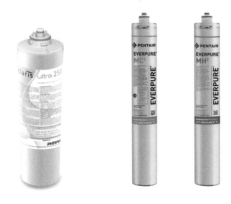

는데 교체하면 아까울 것 같아요.

구쌤　열 번 우릴 수 있는 녹차 티백이 있다고 합시다. 횟수가 거듭될수록 농도는 흐려지겠죠. 그래도 열 번까지 음료로 기능할 겁니다. 한 번 우릴 때 1분씩 담그는데, 어떤 사람이 한 번을 우리고 두 번째는 물에 담근 채 27분 동안 방치했습니다. 다시 티백을 우린다면 결과는 어떨까요?

연희　당연히 찻물이 다 빠져 제 기능을 못 하겠죠.

구쌤　맞습니다. 정수 필터 역시 같은 원리라고 보시면 됩니다. 1년 동안 물이 차 있으면서 그 안에 있는 성분과 필터의 기능이 떨어지겠죠. 사용량이 많으면 더 빨리 교체하고, 사용량을 채우지 못해도 1년쯤 사용하면 교체해야 합니다.

연희　이제 이해가 돼요. 필터 교체 주기는 최소 1년이라고 생각하면 되겠네요? 사용량이 많으면 주기가 짧아지고요.

구쌤 그렇죠. 제빙기와 꼭지용 정수기에 연결된 필터도 같은 원리입니다. 에스프레소 머신과 달리 불순물 문제는 덜하지만, 사용량이 많으면 정수 기능이 떨어지므로 교체해야 합니다. 특히 5~9월에는 아이스 음료가 많이 나가 제빙기를 매일 가동해요. 사용량이 많다면 4월 말에 필터를 교체하고, 9월 말에 다시 교체하는 게 바람직하겠죠.

연희 물이 깨끗한 것도 중요하지만, 제빙기의 위생 상태가 신경 쓰여요.

구쌤 제빙기 내부에 얼음이 만들어져 나오는 곳은 분해할 수 있습니다. 일주일에 한 번 얼음을 비우고 분해 청소하면 위생적인 관리가 가능합니다. 제빙기를 안 쓰는 경우가 아니면 겨울철에도 동일하게 청소하면 됩니다.

정리 | 정수 필터마다 정수 한계 용량이 있으니 사용량에 따라 교체해야 한다. 필터는 사용량에 상관없이 1년에 한 번 교체한다. 제빙기는 일주일에 한 번 얼음을 비우고 분해 청소해야 위생적인 관리가 가능하다.

숙제 | 다음 시간에는 핸드 드립을 배울 거예요. 핸드 드립과 푸어 오버는 어떤 차이점이 있는지 생각해 오세요.

3장

|

핸드 드립
다시 배우기

15강

핸드 드립이란
무엇인가?

[학 습 목 표]
핸드 드립의 의미, 푸어 오버와 차이, 핸드 드립 3단계를 이해하고 설명할
수 있다.

구쌤 요즘 집이나 직장에서 직접 원두를 분쇄해 핸드 드
립으로 드시는 분들이 늘고 있죠. 핸드 드립은 원두를 분쇄할
때 한 번, 커피를 추출할 때 한 번, 커피를 마실 때 한 번 즐거
움을 주기 때문에 좋아하지 않나 생각합니다.

연희 저도 집에서 핸드 드립으로 커피를 마시는데, 다른
커피보다 인간적이고 분위기가 있어 좋아요.

구쌤 핸드 드립은 세상에서 커피를 가장 맛있게 추출하는
방법인 동시에, 가장 맛없는 커피가 될 수 있는 추출법입니
다. 맛을 알기 전에는 즐거움으로 하지만, 깊은 향미를 경험

하고 나면 어려워지는 게 핸드 드립이죠. 오늘은 핸드 드립의 의미, 핸드 드립과 푸어 오버pour over의 차이, 핸드 드립 3단계에 대해 배울 거예요.

연희 지난 시간에 핸드 드립과 푸어 오버의 차이를 예습해 오라고 하셨는데, 도무지 헷갈려서 어떻게 정의해야 할지 모르겠어요.

구쌤 핸드 드립과 푸어 오버의 차이는 더치 커피Dutch coffee 와 콜드 브루cold brew의 차이를 설명하는 것만큼 어렵습니다. 핸드 드립과 푸어 오버의 공통점은 기계의 도움을 받지 않고 사람의 기술로 커피를 추출하는 것입니다. 차이점은 추출하는 과정에 있죠. 핸드 드립은 흔히 '교반'이라고 하는 휘젓기와 '침지'라고 하는 물에 담가 적시는 과정이 없습니다. 반면에 푸어 오버는 두 과정이 있거나 없을 수도 있습니다. 자세한 내용은 핸드 드립 방법에서 설명하겠습니다.

연희 침지는 분쇄한 원두를 물에 담그거나 추출 시 원두에 물이 차오르도록 하는 건가요?

구쌤 맞아요. 푸어 오버에서 침지는 드리퍼 상단까지 물을 부어 분쇄한 원두가 물에 잠기게 합니다. 클레버 드리퍼를 사용할 때 침지가 포함됩니다. 같은 행위를 서양에서는 푸어 오버, 동양에서는 핸드 드립이라고 하죠. 핸드 드립이란 용어가 일본에서 아시아로 전파됐기 때문입니다.

연희 서양에서는 교반과 침지를 하지 않아도 푸어 오버라고 한다는 말씀이죠?

구쌤 맞아요, 서양에서 드립은 손으로 추출한다는 의미보다 기계식 추출drip coffee maker에 많이 사용하는 단어이기 때문입니다. 핸드 드립 역시 정확한 영어 표현이 아니기에 푸어 오버라고 합니다. 이제 핸드 드립과 푸어 오버의 차이점을 친구들에게 설명할 수 있겠죠?

연희 네. 오늘 핸드 드립 3단계를 배운다고 하셨는데, 혹시 준비하기와 추출하기, 즐기기 말씀인가요?

구쌤 그것도 핸드 드립 3단계라고 할 수 있겠네요. 오늘 이야기할 3단계는 그리기, 읽기, 소통하기입니다.

연희 그리기는 드립 포트로 분쇄한 원두에 물을 따르는 것 같은데, 읽기와 소통하기는 뭔지 모르겠어요.

구쌤 그리기는 드립 포트로 나선형이나 동전형, 점 모양으로 물을 떨어뜨리는 겁니다. 읽기는 원두의 상태를 파악하는 거죠. 아무리 잘 그려도 원두가 지금 어떤 상태인지 모르면 생명력이 없는 그림이 되거든요. 우리가 상대방과 대화하기 위해서는 말을 할 줄 알아야 합니다. 하지만 내가 하고 싶은 말을 한다고 대화가 되는 건 아니에요. 상대방이 듣기 싫은 말을 하면 귀를 닫고 말 테니까요.

연희 커피는 무생물인데 어떻게 살아 있는 동물처럼 반응한다는 거죠?

구쌤 핸드 드립을 할 때 물을 부으면 분쇄한 원두가 어떻게 되나요?

연희　부풀어 오르다가 꺼져요. 다시 물을 부으면 부풀어 오르고요.

구쌤　원두가 물에 반응하잖아요. 바로 그것입니다. 원두 상태에 따라 물줄기의 굵기와 양, 드립 포트의 회전 속도 등을 조절하죠.

연희　선생님 말씀을 들어보니 평소 제가 핸드 드립을 할 때 행동이네요.

구쌤　다음은 소통하기입니다. 대화하더라도 그 내용에 대해 서로 맞장구를 쳐야 즐겁고 이야기가 진행됩니다. 자기 말만 하면 표면적으로 대화하는 것 같아도, 소통하고 있다고 보기 어렵죠. 마찬가지로 원두의 상태를 읽었으면 물 조절로 소통해야 좋은 결과물을 얻을 수 있습니다.

연희　원두가 물을 얼마나 원하는지 파악하고 그 양만큼 주는 행위, 핸드 드립은 사랑을 닮았네요.

구쌤　분쇄한 원두와 내가 약 2분 30초 동안 사랑한다고 볼 수 있죠. 그 결과물이 맛있는 커피 한 잔입니다. 핸드 드립은 실력과 정성, 커피와 호흡이 맞을 때 완성된다고 할 수 있습니다.

연희　저는 핸드 드립이라면 손으로 커피를 추출하는 기술만 생각했는데, 그 이면에 훨씬 깊은 정서와 정신이 있네요.

구쌤　그리기는 완성하는 데 오래 걸리지 않습니다. 순간순

핸드 드립

간 원두의 상태를 읽고 소통하려면 집중력과 인내력이 필요합니다. 그래서 핸드 드립이 귀하고, 에스프레소 머신 커피와 다른 겁니다. 에스프레소보다 핸드 드립이 뛰어난 커피라는 의미는 아니니 오해하지 마세요.

연희 핸드 드립 3단계를 듣고 나니 커피가 숭고하게 느껴져요. 한 잔, 한 잔 더 집중하고 정성을 다해야겠다는 마음이 듭니다.

구쌤 한 가지가 빠졌어요. 나 혼자 최선을 다할 게 아니라 원두가 원할 때, 원하는 만큼 사랑을 주는 소통하기를 잊으면

클레버 드립

안 됩니다. 소통하기가 빠지면 잔 기술에 머무르고 말죠. 그런 얕은 기술은 누구나 쉽게 익힐 수 있습니다. 내가 내린 커피 한 잔을 마주하고 눈물을 뚝뚝 흘릴 정도가 돼야 합니다.

정리 | 핸드 드립과 푸어 오버는 교반과 침지에 따라 구분한다. 푸어 오버에만 교반과 침지가 있거나 없을 수 있다. 핸드 드립 3단계는 그리기, 읽기, 소통하기다.

숙제 | 다음 시간에는 핸드 드립의 역사를 공부하겠습니다. 핸드 드립이 어떻게 시작됐고, 우리나라에 언제 들어왔는지 예습해 오세요.

16강

핸드 드립의
시작과 현재

[학습 목표]
핸드 드립의 시작과 국내 도입 과정 그리고 변화상을 이해하고 설명할 수
있다.

구쌤 지난 시간에 핸드 드립의 역사에 대해 예습하는 숙제
를 내드렸죠?

연희 네, 1908년 독일의 멜리타 벤츠Melita Bentz 여사가 아
들 공책과 놋쇠 냄비를 이용해 추출법을 고안한 것이 핸드 드
립 커피의 시작입니다. 우리나라는 일본에서 커피 공부를 한
분들이 1980년대 카페를 열면서 일본식 핸드 드립을 소개했
다고 합니다.

구쌤 예습을 잘했네요. 그럼 한 가지 질문할게요. 1908년
이후 유럽에서는 핸드 드립이 유행했나요?

연희 글쎄요··· 제 생각에는 크게 유행하지 않은 것 같아요.

구쌤 멜리타 여사가 특허 내고 회사를 설립해 지금도 가족이 운영하고 있어요. 개인에게는 인기가 있었지만, 카페에서 사용하기는 역부족이었죠. 과거처럼 커피 가루가 씹히는 일은 없었지만, 여전히 추출 시간이 오래 걸렸거든요. 에스프레소 머신이 상용화되면서 이 문제는 해결됐고, 지금에 이른 것입니다.

연희 지금 사용하는 드립 방법은 어느 나라에서 고안했나요? 멜리타 여사가 고안한 드립 방법도 궁금해요.

구쌤 멜리타 여사는 지난 시간에 언급한 푸어 오버로 추출했을 겁니다. 당시 종이 필터식 커피가 나온 계기는 크게 두 가지였어요. 터키시 커피는 커피 가루가 씹힌다는 점, 헝겊으로 커피를 추출하면 나중에 씻고 말리는 데 손이 많이 간다는 점이었죠. 멜리타 여사의 필터와 드리퍼가 일본에 전해지면서 지금처럼 다양하게 변했어요.

연희 고노, 하리오, 칼리타가 멜리타를 모방해 핸드 드립을 발전시킨 거라고 봐야겠네요?

구쌤 그렇습니다. 추출 구멍을 세 개 뚫기도 하고, 구멍을 좀 더 크게 하면서 개선해갔죠. 드리퍼 내부의 리브를 곡선으로 만들고, 간격도 다양하게 하면서 추출에 변화를 줬습니다.

연희 나선형 드립, 동전형 드립, 점 드립도 일본에서 만든 거예요?

구쌤 일본도 처음에는 침지에 따른 추출을 하다가 좀 더 깔끔한 커피 맛을 위해 드립 포트로 물의 양을 조절하는 드립 방법을 고안했죠. 흔히 사이펀이라고 하는 버큠 포트 역시 휘젓기를 하잖아요. 일본도 과거에는 핸드 드립을 하면서 교반 과정을 거쳤다고 봐요. 지금은 찾아보기 어렵지만, 일부는 아직 핸드 드립 시 교반을 하는 것으로 알고 있어요.

연희 교반 과정이 있으면 핸드 드립 대신 푸어 오버라고 해야겠네요?

구쌤 굳이 구분하면 그렇게 말할 수 있지만, 그들이 핸드 드립이라고 하면 부정하기도 어렵습니다.

연희 드립 포트의 발전이 다양한 핸드 드립 방법을 낳은 건가요, 그 반대인가요?

구쌤 필요가 발명을 낳지 않았을까요? 바리스타들은 좀 더 정교한 드립을 원하면서 물 조절이 쉬운 포트가 필요했어요. 그래서 주둥이가 길고 중간이 꺾인 드립 포트가 발명됐죠.

연희 제가 얼마 전에 카페쇼에 갔다가 버튼을 누르면 기계가 알아서 드립 해주는 로봇을 봤어요. 이제는 핸드 드립을 배울 필요가 없는 것 아닌가요?

구쌤 그리기에 충실한 드립 머신이죠. 인공지능AI의 발전 속도로 볼 때, 머지않아 원두의 상태를 읽고 소통까지 가능한 기계가 나올 수도 있을 거예요. 물론 드립 머신이 엄청 비싸지겠죠. 사진기가 처음 나왔을 때 사람들은 그림 시장이 사라

핸드 드립 도구

질 거라고 생각했어요. 사람이 그리는 것보다 사진으로 찍는 게 정확하고 사실적이며, 시간과 비용도 줄이니까요. 현실은 어떤가요? 둘은 각자 영역에서 진화하며 시장을 넓혀가죠.

연희 저는 그런 기계가 나온다고 해도 사람이 내려주는 커피를 마시고 싶어요.

구쌤 인구가 줄고 인건비가 비싸지면 그런 세상이 오지 않는다고 장담할 수 없어요. 두 시장이 공존하겠지만, 커피 시장에서 사람의 영역은 점점 줄겠죠. 이런 세상에서 살아남으려면 실력을 기르는 수밖에 없어요. 누구나 하는 정도가 아니라 다른 사람과 차별화된 손맛을 길러야 합니다.

연희 기계가 주는 커피를 마시다가도 손맛이 그리워 찾게 되는 커피를 만들 수 있어야 한다는 말씀이죠?

구쌤 그렇습니다. 저 역시 향후 커피 시장에 닥칠 변화에 고민이 많아요. 언젠가 인간의 자리를 기계가 차지할 텐데, 어떻게 살아남아야 할지 고민하죠. 에스프레소 머신이 발명됐을 때 사람이 커피를 추출할 일은 없어졌다고 생각했지만, 지금도 두 시장이 공존하잖아요. 핸드 드립 머신이 등장한다고 해도 손맛을 찾는 사람은 있을 테고, 두 시장은 공존하리라 봅니다. 하지만 실력이 어정쩡한 바리스타가 설 자리는 없을 거예요.

연희 사람과 기계의 커피 전쟁이네요?

구쌤 어떤 의미에서 그렇다고 볼 수도 있죠. 시장의 변화를 선도하는 바리스타가 되도록 더 노력해야 해요.

정리 | 1908년 독일의 멜리타 벤츠 여사가 핸드 드립을 시작했다. 이후 일본에 넘어가 지금처럼 다양한 도구가 발명되고 추출법이 고안됐다. 우리나라는 1980년대에 도입했고, 지금은 핸드 드립 머신이 바리스타의 자리를 넘보는 실정이다.

숙제 | 핸드 드립 도구의 종류와 특징을 예습해 오세요.

17강

핸드 드립 도구의
이해

[학습 목표]
다양한 핸드 드립 도구의 종류와 특징을 이해하고 설명할 수 있다.

구쌤　핸드 드립을 위해서는 어떤 도구가 필요할까요?

연희　드립 포트, 필터, 드리퍼, 서버, 온도계, 그라인더, 원두 등입니다.

구쌤　그럼 한 가지씩 살펴봅시다. 드립 포트는 어떤 구조로 돼 있고, 특징은 무엇인가요?

연희　드립 포트는 물 조절이 쉽고, 손잡이가 편해야 합니다.

구쌤　맞아요, 예습을 잘했네요. 드립 포트는 무엇보다 주둥이 구조가 중요합니다. 그리고 온도의 변화가 적을수록 좋겠죠. 스테인리스보다 황동 제품이 좋은 까닭입니다. 다만 소재에 따라 가격 차이가 큽니다. 필터는 소재에 따라 어떻게 구분할 수 있을까요?

연희 종이와 헝겊이 있습니다.

구쌤 금속과 플라스틱 필터도 있죠. 미세한 구멍이 뚫려 필터 겸 드리퍼로 쓰입니다. 드립 커피 메이커 내의 필터가 대표적입니다. 대개 플라스틱이지만 간혹 금속이 있습니다. 시중에는 반영구적으로 쓰는 금속 필터도 있죠. 종이 필터는 표백한 것과 그렇지 않은 것이 있는데, 흔히 펄프라고 하는 황색 종이 필터는 표백하지 않은 겁니다. 흰색 종이 필터는 황색이 펄프 맛이 난다고 해서 표백한 겁니다.

연희 표백한 필터는 몸에 해롭지 않을까요?

구쌤 몸에 해로울 정도는 아닙니다. 그렇게 제품을 만들지도 않고요. 우리가 주방 세제로 설거지하면서 그릇에 세제 성분이 남을까 걱정하진 않잖아요. 헝겊 필터는 일정 기간 혹은 횟수를 사용한 뒤 교체해야 합니다. 대개 40~50회 사용할 수 있습니다. 물에 담가 보관하기 때문에 위생에 신경 쓰지 않으면 헝겊 필터에 물때가 끼거나 곰팡이가 번식할 수 있습니다.

연희 헝겊 필터는 찢어지기 전까지 사용해도 되는 줄 알았는데, 당장 새것으로 바꿔야겠네요.

구쌤 헝겊 필터 관리가 가장 어렵습니다. 사용하고 반드시 깨끗한 물에 세척한 뒤 물에 담가둬야 합니다. 매일 새 물로 갈아주는 등 신경 쓸 게 많아, 사람 손이 가죠. 오죽해야 멜리

드리퍼 종류별 평면도

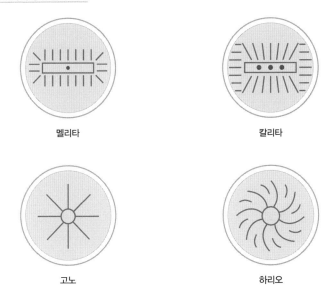

멜리타

칼리타

고노

하리오

타 여사가 종이 필터와 드리퍼를 개발했겠습니까?

연희 제가 멜리타 드리퍼를 쓰는데, 추출이 쉽지 않아요. 어떡하면 잘할 수 있을까요?

구쌤 드리퍼는 모양에 따라 멜리타, 칼리타, 고노, 하리오로 나눌 수 있습니다. 각각은 도자기, 플라스틱, 금속으로 된 것이 있습니다. 플라스틱이 대부분이죠. 멜리타는 지름 3mm 구멍 한 개로, 물 빠짐이 가장 안 좋습니다. 대신 바디감이 좋고 묵직한 커피 맛을 표현하기에 적합하죠. 초보자보다 중급 이상에게 어울리는 드리퍼입니다.

연희   저 같은 사람은 어떤 드리퍼가 적당할까요?

구쌤   핸드 드립이 서투른 사람에게는 칼리타가 좋습니다. 지름 5mm 구멍이 세 개인 칼리타는 물 빠짐이 원활하고 깔끔한 커피 맛이 특징입니다. 고노와 하리오도 나쁘지 않으나, 하리오는 지름 18mm 구멍이 있어 여러 잔을 한 번에 추출할 때 좋습니다.

연희   칼리타로 바꿔야겠네요.

구쌤   칼리타와 멜리타 모두 연습하면서 맛의 차이를 느껴 보세요. 가지고 있는 멜리타를 안 쓸 이유가 없잖아요. 여러 드립 도구 중 가장 차이가 없는 것이 서버입니다. 서버는 드리퍼를 통과한 커피를 담는 용도이기 때문이죠. 유리 소재인 만큼 잘 깨지지 않고 눈금이 잘 표시된 제품이 좋습니다.

연희   저도 서버를 세 번이나 깨뜨렸어요. 유리가 생각보다 약하더라고요.

구쌤   나무나 금속 모서리에 살짝 부딪혀도 잘 깨져서 다치지 않도록 주의해야 합니다. 온도계가 필요 없다고 생각하는 사람이 꽤 많은데, 비싸지 않으니 꼭 구비하세요. 뒤에서 언급하겠지만, 핸드 드립을 할 때 물의 온도는 굉장히 중요합니다. 커피의 쓴맛과 신맛에 영향을 주기 때문이죠. 온도에 따라 커피 맛의 차이가 커서, 정확한 물의 온도를 측정하는 게 중요합니다. 한 번 사면 오래 사용할 수 있으니 좋은 제품을 선택하세요.

연희 그동안 눈대중으로 온도를 측정했는데 이번 기회에 사야겠어요.

구쌤 그라인더는 손으로 작동하는 수동식과 모터로 작동하는 기계식이 있는데, 커피를 공부하는 사람이라면 두 가지 다 필요합니다. 수동식은 기계식에 비해 힘들고 불편하지만, 분해가 쉽고 내부 구조를 볼 수 있어 커피 공부에 도움이 되거든요. 카페에서 사용할 게 아니면 수동식으로 충분합니다. 분쇄한 원두 굵기가 일정하지 않다는 단점이 있으나, 연습하면 어느 정도 해결이 가능합니다. 멋스럽고 정성이 들어가고요.

연희 수동식 그라인더를 쓰다가 불편해서 기계식으로 바꿨는데, 기계식은 분해 청소가 쉽지 않더라고요. 요즘은 두 가지를 번갈아 사용하고 있어요. 특히 손님이 왔을 때는 수동식을 쓰게 됩니다.

구쌤 다음 시간에는 나에게 맞는 드립 도구 선택하는 법을 알아보겠습니다.

정리 │ 핸드 드립 도구는 드립 포트, 필터, 드리퍼, 서버, 온도계, 커피밀 등이 있다. 필터는 소재에 따라 헝겊, 종이, 금속, 플라스틱으로 나눌 수 있다. 드리퍼는 구멍 크기와 수가 다른 멜리타, 칼리타, 고노, 하리오가 있다.

숙제 │ 다음 수업에는 현재 본인이 사용하는 핸드 드립 도구를 가져오세요.

나에게 맞는
드립 도구의 선택

[학습 목표]
핸드 드립 도구 선택 시 고려할 점을 알고, 나에게 맞는 드립 도구를 선택할 수 있다.

구쌤 　기본적으로 핸드 드립 도구의 구성은 비슷하지만, 드립 스타일에 따라 일부 구성에 차이가 있습니다. 오늘은 본인에게 맞는 드립 도구 선택을 위해 드립 도구의 특징을 설명하고자 합니다. 지난 시간에 집에서 사용하는 드립 도구를 가져오시라고 했죠?

연희 　여기 있습니다. 저는 칼리타 드리퍼에 황색 종이 필터를 사용합니다.

구쌤 　칼리타 드리퍼에 표백하지 않은 종이 필터를 사용하는 이유가 있나요?

연희　칼리타 드리퍼가 물 빠짐이 좋아 저에게 맞는 것 같아요. 그리고 황색 종이 필터에서 펄프 맛이 난다고 하는데, 저는 잘 모르겠어요.

구쌤　종이 필터에서 펄프 맛이 나는 경우, 추출 전 종이 필터를 드리퍼에 끼우고 한 번 물을 내려주는 린스를 하면 효과가 있습니다. 그럼 다음 시간부터 3회에 걸쳐 핸드 드립 방법 수업을 할 때 종이 필터와 칼리타 드리퍼를 사용할게요. 드립은 크게 종이 드립과 '넬'이라고 하는 헝겊 드립이 있습니다. 전자는 커피 기름을 거르기 때문에 깔끔한 맛이 특징이고, 후자는 기름까지 추출되기 때문에 좀 더 몽글몽글한 맛을 즐길 수 있습니다. 관리는 종이 필터가 헝겊 필터보다 훨씬 편하고 손이 덜 가죠.

연희　건강이나 위생적으로는 헝겊 필터가 더 좋은가요? 아무래도 종이보다 헝겊 추출이 좋을 것 같긴 해요.

구쌤　그렇게 생각할 수도 있겠네요. 다만 헝겊 필터의 위생 관리를 철저히 하고, 적절한 시점에 새것으로 교체해야 합니다. 그렇지 않으면 오히려 종이보다 못할 수 있어요. 종이 필터를 선택할 때, 표백하지 않은 황색과 표백한 흰색 사이에서 고민합니다. 펄프 맛에 예민한 분은 흰색을, 그렇지 않은 분은 황색을 선택하면 됩니다.

연희　저 역시 맛의 차이를 느낄 수 없어 황색 종이 필터를 사용해요.

구쌤 이제 드리퍼를 선택할 차례죠? 초보자에게는 멜리타보다 칼리타가 좋습니다. 본인이 좀 더 묵직한 커피 스타일을 추구한다면 멜리타를 선택하세요. 다만 자칫하면 추출이 원활하지 않아 텁텁하고 불쾌한 쓴맛이 날 수 있습니다. 고노와 하리오는 원뿔형 드리퍼로, 둘의 차이는 구멍 크기와 리브 모양, 길이입니다. 고노는 구멍 지름이 14mm이고, 하리오는 18mm로 좀 더 큽니다. 고노는 리브가 직선으로 중간부터 하단까지 이어지고, 하리오는 곡선으로 상단부터 추출구까지 연결됩니다. 원두의 상태가 동일하다고 가정할 때, 하리오가 고노보다 물 빠짐이 좋아 좀 더 부드러운 커피 맛을 표현할 수 있습니다.

연희 멜리타와 칼리타는 역사다리꼴이고 고노와 하리오는 원뿔형인데, 어떤 차이가 있나요?

구쌤 역사다리꼴이 원뿔형보다 바닥 면적이 넓습니다. 고노와 하리오가 역사다리꼴이라면 물 빠짐이 너무 좋아 커피 맛이 밋밋할 수도 있습니다. 원뿔형은 아래로 갈수록 좁아져, 역사다리꼴보다 상대적으로 추출된 커피가 머무는 시간이 길 수 있습니다. 그럼에도 고노와 하리오는 멜리타와 칼리타에 비해 추출구가 커서 추출 속도가 빠른 편입니다.

연희 고노 드리퍼는 종이 필터를 쓰지만, 헝겊 필터를 쓰기도 하던데요?

구쌤 고노 드리퍼는 헝겊 필터를 거치기 편한 디자인이고, 종이와 헝겊 모두 사용할 수 있습니다. 온도계는 아날로그와 디지털이 있습니다. 가독성과 편리함은 디지털이 좋지만, 배터리를 교체해야 하고 고장이 잘 나는 편입니다. 대개 드립 포트에 끼워 쓰는 클립형은 아날로그 온도계입니다.

연희 저도 아날로그 온도계를 사용해요. 말씀처럼 드립 포트에 끼워 쓰려면 아날로그 온도계가 좋더라고요.

구쌤 서버는 유리뿐이므로 드리퍼에 맞는 것을 선택하면 됩니다. 1~2인용 고노 드리퍼를 쓴다면 용량에 맞는 고노 서버를 구입하는 식이죠. 마지막으로 그라인더를 볼까요? 그라인더에 대해 공부하고 분해 청소의 편리함을 생각하면 수동식이 좋습니다. 편리함과 균일한 분쇄도가 목표라면 기계식이 맞습니다. 바리스타라면 두 가지 모두 구비하는 게 좋아요.

연희 수동식 그라인더는 사용할 때마다 청소해야 하나요, 주기를 정해 청소하면 될까요?

구쌤 냄비에 밥을 짓고 다 먹은 다음에 어떻게 하나요?

연희 당연히 깨끗이 설거지하죠.

구쌤 그라인더를 쓰고 청소하지 않는 것은 조금 과장하면 밥 지은 냄비를 씻지 않는 것과 같습니다. 포터 필터로 커피를 추출한 뒤 바스켓을 닦듯이, 그라인더도 사용한 뒤 청소하는 게 깔끔하고 맛있는 커피를 위해 좋습니다.

연희 좀 번거로워도 이제부터 그라인더 청소에 신경 써야겠어요.

커피밀과 분해한 커피밀 부품

구쌤 아주 비싼 드립 도구를 장만할 필요는 없지만, 한 번 구입하면 오래 사용하는 물건이므로 처음에 일정 수준 이상을 선택하는 게 좋습니다. 그렇지 않으면 나중에 중복 구매하는 일이 생깁니다. 도구가 좋다고 핸드 드립을 잘하는 것은 아니지만, 도구가 나쁘면 불편한 일을 겪습니다. 적어도 드립 포트는 좋은 것으로 구매하세요.

연희 저 역시 드립 포트를 두 번 샀어요. 저가형은 손잡이가 불편하고 물 조절이 여의치 않더라고요.

정리 | 깔끔한 커피 맛을 원하면 종이 필터를 선택하고, 좀 더 묵직한 커피 맛이 목표라면 헝겊 필터가 좋다. 드리퍼는 숙련도와 추구하는 커피 스타일에 따라 선택하면 된다. 서버는 드리퍼와 같은 회사 제품을 고른다. 온도계는 디지털보다 아날로그가 낫다. 그라인더는 목적에 맞게 수동식과 기계식 가운데 선택하면 된다. 드립 포트는 물 조절과 안정적인 드립을 위해 좋은 것을 구매한다.

숙제 | 다음 시간부터 핸드 드립 방법을 배우겠습니다. 핸드 드립 시 주의해야 할 점에 대해 생각해 오세요.

19강

핸드 드립,
이렇게 하자

[학습 목표]
핸드 드립 시 주의할 점과 나선형, 동전형, 점 드립의 기본 내용을 이해하고 설명할 수 있다.

구쌤   오늘부터 3회에 걸쳐 핸드 드립 방법을 배울 거예요. 전에 물의 온도에 따라 커피 맛이 달라진다고 했죠? 물의 온도가 100°C에 가까우면 잡미와 불쾌한 쓴맛이 나고, 80°C 미만이면 상대적으로 쓴맛은 덜하나 신맛이 강조됩니다. 보통 80~90°C가 핸드 드립에 적당한 온도입니다.

연희   실제로 물의 온도만으로 커피 맛이 달라지나요?

구쌤   그럼요. 여기 물의 온도를 제외하고 모든 조건이 동일한 커피 두 잔이 있습니다. 왼쪽은 80°C로 추출했고, 오른쪽은 90°C로 추출했습니다. 커피를 맛보고 어떤 차이가 있는지 얘기해볼까요?

연희 왼쪽 것은 쓴맛보다 신맛이 좀 더 드러나고, 오른쪽은 신맛보다 쌉쌀한 쓴맛이 매력적인데요. 동일한 커피라는 게 신기해요.

구쌤 볶음도에 따라서도 맛이 달라집니다.* 동일한 생두라도 라이트부터 이탈리안까지 얼마나 볶았느냐에 따라 맛은 천양지차죠. 보통 미디엄이나 하이부터 추출하는데, 신맛이 강해 호불호가 강한 편입니다. 이 경우 물의 온도를 평소보다 높이면 신맛을 줄일 수 있습니다. 저는 시티와 풀 시티를 선호합니다.

연희 저도 시티가 입에 맞아요. 볶은 날짜에 따라서도 맛의 변화가 큰가요?

구쌤 그렇습니다. 볶고 하루쯤 지나서 추출하는 게 좋습니다. 저는 볶고 사흘 정도 지났을 때부터 추출합니다. 2주가 지나면 원두 내부에 있는 가스가 대부분 빠져나가 커피 빵이 덜 생깁니다. 핸드 드립용 원두를 소량 구매해야 하는 이유죠. 원두의 분쇄도는 추출 시간에 영향을 미쳐, 맛을 결정하기도 합니다. 분쇄도가 너무 작으면 추출이 잘 안 되고, 반대

---

*볶음도는 로스팅을 끝마치는 시점에 따라 라이트light, 시나몬cinnamon, 미디엄medium, 하이high, 시티city, 풀 시티full city, 프렌치French, 이탈리안Italian 등 8단계로 구분한다. 크게 3단계로 구분하자면 약 볶음light~high, 중 볶음high~city, 강 볶음city~Italian이다.

로 크면 추출 속도가 빨라 밍밍한 커피가 됩니다.

연희 핸드 드립용 원두는 어느 정도 굵기로 분쇄하면 좋을까요?

구쌤 손으로 만졌을 때 1mm 내외(굵은소금 정도)가 좋은데, 기호에 따라 조금 굵거나 가늘어도 무방합니다. 그라인더 성능에 따라 차이가 크지만, 고운 가루가 적은 것이 좋습니다. 분쇄한 원두를 필터에 담아 평평하게 하는 것을 레벨링leveling이라고 합니다. 드리퍼를 잡고 수평 상태에서 가볍게 좌우로 흔들면 원두가 평평해집니다.

연희 핸드 드립을 하는 방법에는 어떤 게 있고, 차이는 뭔가요?

구쌤 기본적인 방법은 나선형 드립이고, 나선형을 500원 동전 크기로 줄인 것이 동전형 드립입니다. 점 드립은 나선형으로 하되 물줄기를 점처럼 끊어서 붓는 방법으로, 좀 더 묵직한 커피 맛을 표현할 때 좋습니다. 다만 숙련도에 따라 편차가 가장 크다는 단점이 있습니다.

연희 그럼 나선형부터 시작해 동전형, 점 드립으로 공부하는 게 맞겠네요?

구쌤 꼭 그렇진 않아요. 세 가지 모두 잘하겠다는 생각보다 입에 맞는 방법을 연습하는 게 중요합니다. 본인에게 점 드립이 맞으면 그것부터 시작해도 나쁘지 않습니다. 본격적으로 추출에 들어가기 전, 뜸을 들이는 과정이 있습니다. 이

는 원두를 불려 추출하기 쉽게 하고, 추출 길을 만드는 거죠. 본격적인 추출이 아니니 서버 바닥을 살짝 덮을 정도로 뜸 들이기를 합니다. 우리가 목욕탕에서 때를 밀기 전, 탕에 들어가 몸을 불리는 것과 같은 이치입니다.

　연희　뜸 들이는 시간은 어느 정도가 적당한가요?

　구쌤　30초가 기본이지만, 로스팅한 지 일주일 이내 원두는 가스가 빠져나갈 시간을 주기 위해 조금 더 뜸을 들입니다. 비교적 오래된 원두는 30초보다 짧게 하고요.

　연희　뜸 들일 때 거품을 살펴야겠네요?

　구쌤　그렇습니다. 뜸 들이기가 끝나면 본격적으로 커피 추출이 시작되는데, 물줄기의 양과 굵기가 중요합니다. 적은 양을 가늘게 추출하면 섬세한 커피 맛을 표현하는 데 도움이 됩니다. 중간에 물줄기가 끊어지면 안 되기 때문에 부단한 연습이 필요합니다. 나선형이든, 동전형이든 원두에 물로 원을 그리는 두 가지 방법이 있습니다. 드리퍼를 고정한 상태에서 드립 포트를 돌리는 방법과 그 반대 방법이죠. 대개 전자를 많이 하지만, 일본에서는 드립 포트를 고정하고 드리퍼를 손으로 돌려서 원을 그리기도 합니다. 대표적인 예가 도쿄의 '카페 드 랑브르Café de l'Ambre'입니다.

연희 드리퍼를 돌리는 방법은 처음 들어봐요. 그게 가능한가요?

구쌤 드립 포트 기울기로 물줄기의 굵기를 조절하고, 드리퍼를 돌려 원을 그리죠. 정말 눈을 의심하게 할 정교함입니다. 우리는 서버에 드리퍼를 올리고 드립 포트를 돌려 추출할 겁니다. 드립 포트는 수평을 유지하고, 회전속도는 느리고 일정하게 하는 게 포인트죠. 마치 드립 포트로 춤을 추듯이 물을 붓기도 하지만, 이는 나선형 드립에 가능하고 동전형 드립에는 적당하지 않습니다.

연희 동전형 드립은 작은 원을 그려야 하기 때문인가요?

구쌤 그렇습니다. 드립 포트와 드리퍼가 수평을 유지한 채 물을 붓기 때문에 간격은 일정하게 유지될 겁니다. 추출 시 물줄기를 서너 차례 끊거나 처음부터 끝까지 일정하게 붓는 방법이 있는데요, 대개 전자를 많이 합니다. 후자는 가는 물줄기를 끊지 않고 부어야 해서 어렵지만, 커피 맛이 좀 더 부드러워요. 전자를 바디감 강조, 후자를 마일드함 강조라고 표현할 수 있습니다. 처음에는 전자로 하다가 어느 정도 숙련되면 후자에 도전하기 바랍니다.

연희 물줄기를 끊지 않고 한 번에 부으면 원두가 물에 잠길 수도 있을 것 같아요.

구쌤 그렇습니다. 침지라고 하죠. 붓는 물이 추출한 커피보다 많은 경우 나타나는 현상으로, 불쾌한 쓴맛의 원인이 됩니다. 목표로 하는 추출 양에 이르면 드리퍼를 신속하게 서버에서 제거해야 합니다. 커피가 아깝다고 계속 두면 맛없는 커피가 됩니다.

정리 | 물의 온도, 볶음도와 날짜, 원두의 분쇄는 본인 스타일에 따라 조절한다. 추출하기 전에 뜸 들이기는 필수다. 추출 시 물줄기의 양과 굵기, 드립 포트의 회전 속도, 드립 포트와 드리퍼의 간격은 일정하게 유지해야 한다. 물줄기를 끊어서 추출하면 바디감, 이어서 추출하면 마일드함을 강조할 수 있다.

숙제 | 다음 시간에는 나선형 드립 실습을 하겠습니다. 필요한 드립 도구를 준비해 오세요.

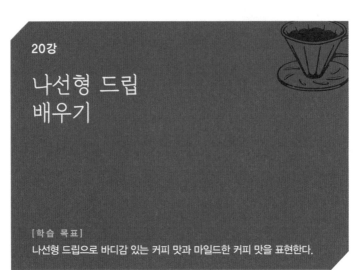

20강

나선형 드립
배우기

[학습 목표]
나선형 드립으로 바디감 있는 커피 맛과 마일드한 커피 맛을 표현한다.

구쌤 오늘은 나선형 드립을 배울 차례죠? 준비한 드립 도구로 커피를 추출하겠습니다. 필터는 황색 종이 필터, 드리퍼는 칼리타, 서버 역시 칼리타 300ml네요. 오늘 준비한 원두는 콜롬비아수프리모우일라, 중강 볶음(풀 시티), 1회 사용량은 20g입니다.

연희 원두는 언제 볶은 거예요?

구쌤 4일 전에 볶은 것이고, 분쇄도는 1mm 내외로 핸드 드립을 하기에 적당합니다. 굵기를 손으로 만져보세요. 어느 정도 굵기인지 눈과 손으로 익히는 게 좋습니다.

연희 말씀대로 굵은소금 정도네요. 물은 어떤 것을 써요?

구쌤 대개 정수한 물을 사용하는데, 경우에 따라 밍밍한 맛이 날 수 있습니다. 수돗물은 잔류 염소가 소량이라도 커피의 좋은 신맛을 저해하므로, 어제 받아둔 수돗물을 사용하겠습니다.

연희 시중에서 파는 생수는 어떤가요? 저는 특정 브랜드 생수를 좋아해서 그것만 사용하거든요.

구쌤 입에 맞는 생수가 있다면 사용하세요. 다만 생수를 사려면 비용이 들고, 웬만한 생수보다 받아둔 수돗물이 물맛이 좋다는 평가도 있습니다. 물은 미리 끓이면 온도가 떨어질 수 있으니 드립 도구를 세팅하고 원두를 분쇄한 뒤에 끓이세요.

연희 몇 시간 전에 분쇄한 원두는 커피 빵이 크게 안 생기더라고요. 불과 몇 시간 사이에도 원두 내부의 가스가 많이 빠져요?

구쌤 그렇습니다. 홀 빈일 때보다 분쇄한 상태가 표면적이 수백·수천 배 넓다 보니, 공기와 많이 접촉해서 산패가 빨리 진행됩니다. 이 때문에 추출하기 전에 원두를 분쇄해야 커피 맛이 좋습니다. 물 온도는 85℃로 하죠.

연희 추출 시 주의할 사항은 무엇이 있나요?

구쌤 우선 자세입니다. 나쁜 자세로 많은 양을 추출하면 몸에 무리가 올 수 있습니다. 오른손으로 드립 포트를 잡는다면 왼손은 가볍게 바닥을 짚고요. 이때 중심을 잡기 위해 짚는 것일 뿐, 체중을 실으면 왼쪽 손목에 문제가 생길 수 있습니다. 허리를 편 상태로 상반신을 살짝 숙입니다. 드립 포트는 꽉 쥐지 말고 가볍게 감는다는 느낌으로 잡으세요.

연희　저는 드립 포트를 놓칠까 봐 꽉 잡는데….

구쌤　드립 포트를 가볍게 잡아야 물줄기를 조절하는 데 도움이 됩니다. 저는 황색 종이 필터를 사용하고 린스는 하지 않습니다. 본인이 필터에서 펄프 맛을 느낀다면 린스를 하고, 그렇지 않으면 필터를 드리퍼에 고정한 뒤 분쇄한 원두를 담고 레벨링을 하면 됩니다. 준비한 물의 온도를 체크하고 추출을 시작합니다. 우선 뜸 들이기를 합시다.

연희　뜸 들이기도 원두 바깥쪽에서 1cm 안까지 물을 붓는 거죠?

구쌤　그렇습니다. 너무 바깥쪽까지 물을 부으면 원두가 추출되지 않고, 드리퍼 리브를 타고 물이 흘러 밍밍한 커피가 되죠. 뜸 들이기는 원두 전체를 살짝 적실 정도(서버 바닥이 살짝 덮일 정도)로 하면 됩니다. 원두 중심에서 시작해 수직으로 내려온 다음 가장 바깥쪽부터 안쪽으로 원 세 개를 그리면 뜸 들이기가 끝납니다.

연희　나선형을 그릴 때 염두에 둬야 할 게 있어요?

구쌤　겹치지 않도록 그리는 게 중요합니다. 나선형과 크기가 일정해야 맛있는 커피를 기대할 수 있습니다.

연희　전에 배운 핸드 드립 1단계 '그리기' 말씀이죠? 도화

나선형 드립

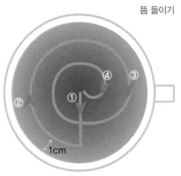

뜸 들이기

1cm

①→②→③→④ 반복 없음

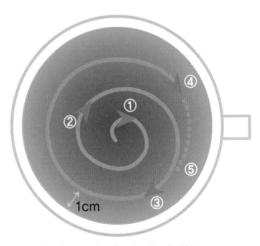

1cm

①→②→③→④→⑤→③→②→① 반복

지에 연필로 그리는 게 아니라 원두에 뜨거운 물로 그리는….

구쌤 평소 드립 포트를 잡고 물 따르는 연습을 하면 그리기에 도움이 됩니다. 되도록 드리퍼에 필터를 고정하고 원두 없이 연습하세요. 원두에 붓는 것처럼 상상하고 물을 따르면 큰 도움이 됩니다. 뜸 들이기가 끝났으니 본격적으로 추출을 해보죠. 목표량은 150ml인데, 물을 세 번이나 네 번 끊어서 추출합니다. 추출할 때마다 시간이 일정해야 일정한 맛을 기대할 수 있습니다. 마일드한 커피를 목표로 한다면 물을 끊지 않고 목표량에 이를 때까지 부으세요. 추출 시간은 2분 5초 안팎이 좋습니다.

연희 바디감을 강조한 드립도 어렵지만, 마일드함이 매력적인 드립이 더 어려운 것 같아요. 원두의 상태를 읽으면서 물의 양을 일정하게 유지하기가 어렵습니다. 저는 언제쯤 커피와 소통하는 단계에 이를까요?

구쌤 천 리 길도 한 걸음부터라고 하잖아요. 커피와 친해지려고 노력하면 어느 순간 소통하는 때가 올 겁니다. 추출량이 200ml라면 추출 시간이 늘어날 겁니다. 바디감 기준으로 2분 30초 내외, 마일드함은 2분 10초 내외가 되도록 꾸준히 연습하세요.

연희 일정한 자세를 유지하고 물을 붓기가 쉽지 않네요. 몸에 힘이 들어가 더 힘든 것 같아요.

구쌤 드립 포트를 가볍게 감듯이 잡고, 자세도 최대한 힘을 빼고 동네를 산책하는 기분으로 하세요. 몸에 힘이 들어가면 물줄기의 굵기와 양을 조절하기 힘들고, 여러 번 추출하면 몸에 무리가 갑니다. 이게 반복되면 직업병이 되니 처음부터 힘 빼는 연습을 해야 합니다.

연희　힘을 빼기가 이렇게 힘든 줄 몰랐어요. 드립 포트를 잡는 것부터 다시 시작해야겠어요.

구쌤　지금은 번거롭고 힘들지만, 익숙해지면 힘들이지 않고 편안하게 맛있는 커피를 내릴 수 있을 거예요.

정리 |　핸드 드립을 할 때 자세가 중요하다. 드립 포트는 가볍게 감듯이 잡고, 몸은 힘을 뺀 채 산책하는 기분으로 한다. 허리는 편 채 상체를 살짝 구부리고, 드립 포트를 쥐지 않은 손은 테이블에 가볍게 올려둔다. 나선형은 일정하게 그리고, 겹치지 않게 물을 붓는다. 추출 시간이 매번 일정하도록 연습해야 한다.

숙제 |　다음 시간에는 동전형 드립과 점 드립을 배우겠습니다. 드립 도구와 500원짜리 동전 한 개를 가져오세요. 오늘 배운 나선형 드립을 하루에 10회 연습하고 옵니다.

21강

동전형 드립과
점 드립 배우기

[학습 목표]
동전형 드립과 점 드립에 대해 이해하고 설명할 수 있다.

구 쌤   지난 시간에 배운 나선형 드립, 많이 연습하셨나요?

연 희   하루에 10~15회 나선형을 정확하고 일정하게 그리는 연습을 했는데, 원두의 상태를 읽기도 어려웠어요.

구 쌤   원두 많이 쓰셨겠네요. 원두 없이 필터 위에 드립 포트로 물 따르는 연습을 꾸준히 해보세요. 어느 순간 드립 포트를 가볍게 잡고 편안하게 드립 하는 날이 올 겁니다. 오늘은 동전형 드립과 점 드립을 공부하겠습니다. 나선형 드립이 완벽하게 되지 않은 상태에서 동전형과 점 드립을 잘한다는 건 어불성설입니다.

연희 솔직히 저는 엄두가 안 나요. 나선형도 되지 않는데, 그것을 축소한 동전형 드립을 한다는 상상도 못 하겠어요.

구쌤 반대로 동전형 드립을 하다 보면 나선형 드립이 얼마나 쉽겠어요. 500원 동전 크기가 가장 큰 바깥 원이 되도록 연습하세요.

연희 500원짜리 동전을 가져오라고 한 이유가 있었군요. 가장 작은 원은 50원짜리 동전 크기쯤 되겠네요.

구쌤 그것보다 작을 수도 있어요. 자, 그럼 오늘도 지난번처럼 중강 볶음(풀 시티) 콜롬비아수프리모우일라 원두로 추출해보죠. 동전형 드립은 지난번과 동일하게 1회 사용량 20g으로 하겠습니다. 점 드립은 20~40g을 사용하고, 헝겊 필터를 쓰겠습니다. 물은 어제 받아둔 수돗물, 온도 역시 85℃로 지난번과 같아요. 우선 모든 조건이 동일하고 추출법을 달리해야 맛의 차이를 느낄 수 있습니다.

연희 뜸 들이기는 나선형 드립과 차이가 있나요?

구쌤 사람에 따라 다르지만, 저는 나선형과 동전형, 점 드립의 뜸 들이기를 동일하게 합니다. 동전형도 추출 시 물을 끊느냐, 끊지 않느냐에 따라 바디감을 강조하거나 마일드한 맛을 추구할 수 있습니다. 저는 마일드한 동전형 드립을 가장 선호합니다. 조금만 실수해도 밍밍한 맛이 나지만, 드립을 잘하면 맛있게 술술 넘어가는 커피를 만날 수 있습니다. 감히 드립의 완성이라고 할 만하죠.

연희 저도 선생님의 마일드한 동전형 드립 커피를 맛보고 핸드 드립의 오묘한 세계를 알게 됐어요. 일본에 가셨을 때 선보인 드립 방법이죠?

구쌤 맞아요. 일본에서는 보통 끊어서 드립을 하고 저처럼 작게 원을 그리지 않아요. 물줄기를 이어서 붓고 작은 원을 그리는데도 깔끔하고 맛있는 커피가 추출된다는 것에 칭찬을 많이 들었어요. 동전형 드립을 무척 신기해하더군요. 종이 필터의 한계는 있습니다. 헝겊 필터를 사용하면 훨씬 부드럽고 몽글몽글한 커피 맛을 느낄 수 있을 거예요. 필터 종류에 따른 맛의 차이는 나중에 알려드리죠.

연희 동전형 드립 시 가장 주의해야 할 점은 뭘까요?

구쌤 무엇보다 커피의 상태를 읽는 게 중요합니다. 그렇지 않으면 물 붓는 양을 조절하기 어려워요. 커피의 상태와 반응에 따라 물을 붓는 것이기 때문입니다.

연희 볶은 때와 볶음도를 알고, 물을 부었을 때 반응에 민감해야 한다는 말씀인가요?

구쌤 네, 물줄기는 가능한 한 가늘어야 합니다. 물줄기가 끊어지지 않을 정도로 붓는 연습을 하세요. 점 드립은 나선형 드립처럼 원을 그리되, 물줄기가 일정하게 똑똑 끊어져야 합니다. 나중에 배우겠지만, 더치 커피의 점적식을 생각하면 됩니다. 물방울이 빠르게 떨어진다고 생각하면 이해가 쉬울 거예요. 점 드립은 나선형 드립과 동전형 드립을 마스터하면 할

동전형 드립

뜸 들이기

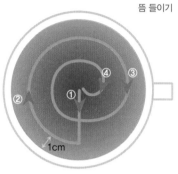

①→②→③→④ 반복 없음

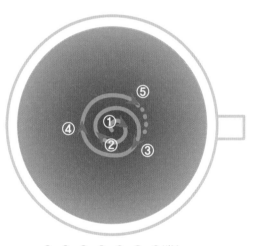

①→②→③→④→⑤→②→① 반복

수 있습니다. 점 드립은 좀 더 농밀한 커피 맛을 표현하기에 좋아요. 다만 추출 시간이 세 배 가까이 걸려 비효율적이죠. 커피를 추출하기 전까지 맛을 예상하기 어렵고, 자칫하면 텁텁하고 불쾌한 쓴맛이 날 수 있습니다. 점 드립은 주로 헝겊 필터를 씁니다.

연희　동전형 드립은 추출 시간이 얼마나 돼요?

구쌤　나선형 드립과 차이가 없습니다. 물줄기가 훨씬 가늘고 물의 양이 적기 때문에, 원이 작다고 추출 시간이 짧아지지 않아요. 특히 마일드함을 강조한 동전형 드립은 추출량이 많으면 밍밍할 수 있습니다. 저는 원두 20g으로 150ml를 추출합니다. 원두 양의 7.5배를 추출하는 거죠. 추출량은 기호에 따라 얼마든지 달라질 수 있습니다. 본인에게 맞는 드립 방법과 추출량을 찾아야 합니다.

연희　점 드립은 어느 정도 추출량이 적당한가요?

구쌤　점 드립은 특성상 많은 양을 추출할 수 없습니다. 추출 시간이 너무 길어져 불쾌한 쓴맛이 나기 때문입니다. 통상 100ml 내외를 추출하는데, 원두 양은 앞서 언급한 대로 20~40g을 사용합니다. 6~7분 동안 집중해서 추출하다 보니 다른 드립에 비해 커피 값이 비싸죠. 저는 두 배를 받아도 비싼 게 아니라고 생각합니다.

연희　저는 성격이 급해서 점 드립은 못 할 것 같아요.

구쌤　핸드 드립은 도를 닦는 마음으로 해야 합니다. 급한

점 드립

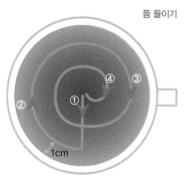

뜸 들이기

①→②→③→④ 반복 없음

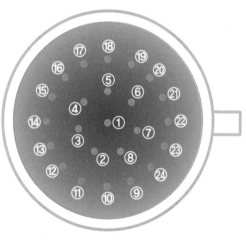

①→ ···→㉔→⑧→①→②···→㉔ 반복

마음과 성격을 바꾸는 데 도움이 될 거예요. 에스프레소가 단거리 달리기를 하듯 뽑아내는 커피라면, 핸드 드립은 산책하듯 추출하는 커피입니다. 이 점을 명심해서 연습하면 실력이 한결 나아질 겁니다. 명심하세요. 핸드 드립은 그리기, 읽기, 소통하기를 통해 완성됩니다.

정리 | 동전형 드립은 나선형 드립을 축소한 것으로, 물줄기의 굵기와 양을 더 섬세하게 조절해야 한다. 점 드립은 나선형 드립과 같은 원을 그리되, 물줄기가 끊어질 듯 이어지게 한다. 뜸 들이기는 세 가지 드립 모두 동일하게 해도 무방하다. 핸드 드립은 산책하듯 힘을 빼고 하는 것이다.

숙제 | 다음 시간부터 에스프레소 메뉴에 대해 배울 거예요. 평소 좋아하는 메뉴와 좋아하는 이유를 설명할 수 있도록 정리해 오세요.

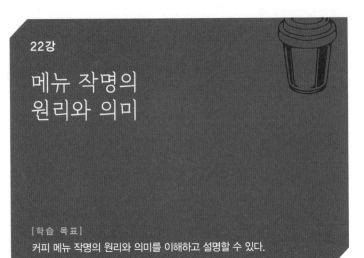

메뉴 작명의
원리와 의미

[학습 목표]
커피 메뉴 작명의 원리와 의미를 이해하고 설명할 수 있다.

구쌤   오늘은 커피 이름에 대해 알아볼까요? 커피는 영어권에서 coffee(커피), 이탈리아는 caffé(까페), 프랑스는 café(까페), 독일은 Kaffee(카퓌), 일본은 コーヒー(코히), 중국은 咖啡(카페이)라고 합니다. 커피가 처음 발견됐다는 지명 '카파'가 어원으로 알려졌죠.

연희   이탈리아 여행할 때 카페 메뉴판에 아메리카노가 없어서 카페를 주문했는데, 에스프레소를 주더라고요. 물을 구해서 희석해 마셨어요.

구쌤   유럽과 중남미에서 카페는 에스프레소를 의미합니다. 스페인어를 쓰는 곳은 카페라테caffe latte 대신 카페콘레체 café con leche가 있습니다. '커피 우유'라는 뜻이죠.

연희 같은 메뉴인데 나라와 언어에 따라 이름이 다르네요. 기본적인 메뉴 몇 개는 그 나라 말로 알고 가야겠어요.

구쌤 맞아요. 커피를 좋아하는 사람이라면 그 나라에서 쓰는 커피 메뉴에 대한 기본적인 상식은 알고 가야 커피를 좀 더 편안하고 맛있게 즐길 수 있습니다. 커피 메뉴의 이름에는 몇 가지 원리가 있어요. 예를 들어 카페라테와 카페모카는 두 가지 재료의 결합으로 만든 이름이죠.

연희 카페라테는 커피와 우유의 결합인데, 카페모카에서 모카는 무슨 의미인가요?

구쌤 모카는 크게 세 가지 의미가 있어요. '커피' '초콜릿' '에티오피아와 예멘에서 나는 커피'를 뜻합니다. 카페모카에서 모카는 초콜릿이라는 뜻으로, '초콜릿 커피'라고 보면 됩니다. 정확히는 카페라테에 초콜릿 소스를 희석하거나 토핑한 음료죠. 음료의 모양으로 이름을 지은 메뉴도 있습니다. 어떤 것이 있을까요?

연희 카푸치노요. 이탈리아 수도사의 옷 모양을 따라 지었다는 것 같아요.

구쌤 맞아요. 카푸치노는 '카푸친회 수도사'에서 나온 말입니다. 그들의 옷 색깔과 후드 모양이 메뉴와 닮아서 카푸치노가 된 경우죠. 마키아토는 영어로 stained(얼룩진), spotted(강조

카페라테

카페모카

^한)를 뜻합니다. 즉 에스프레소에 캐러멜 소스를 얼룩지게 붓거나 우유 거품을 살짝 올린 메뉴에 마키아토라는 말을 붙입니다.

연희　캐러멜마키아토와 에스프레소마키아토 말씀인가요?

구쌤　그렇습니다. 아메리카노와 관련해 재미난 이야기가 있어요. 2차 세계대전 당시 이탈리아에 주둔한 미군이 에스프레소가 너무 써서 물을 희석해 마셨답니다. 이를 본 이탈리아인이 '커피도 못 마시는 아메리카노'라고 놀린 것이 메뉴 이름이 됐다죠.

연희　한국인이 그랬다면 코리아노가 됐겠네요.

구쌤　당시 역사적 상황으로는 불가능한 이야기지만, 그랬을 수도 있겠죠. 커피 추출 시간에 따라 이름을 정하기도 합니다. 어떤 것이 있을까요?

연희　롱고요. 지난 시간에 선생님께서 평소 좋아하는 메뉴를 생각해 오라고 하셨잖아요. 저는 롱고를 좋아합니다. 제가 오스트레일리아에서 1년쯤 워킹 홀리데이를 했는데, 그때 마신 롱고가 지금도 잊히지 않아요.

구쌤　혹시 롱블랙 아닌가요? 오스트레일리아에서는 에스프레소 솔로를 숏블랙, 뜨거운 물에 희석한 에스프레소 도피오를 롱블랙이라고 하죠. 우리나라의 오스트레일리아식 커피 프랜차이즈에서 롱고라는 메뉴를 내놨는데, 롱블랙과 만드는 법이 유사하나 물의 양이 적어요.

연희 그런 것 같아요, 롱블랙! 우리나라에서 룽고를 마시다 보니 착각했어요.

구쌤 룽고는 영어로 long, 즉 에스프레소를 길게 추출한 메뉴를 말합니다. 에스프레소룽고 솔로는 40~50ml, 도피오는 80~100ml를 길게 추출하죠. 반대로 리스트레토는 영어로 restricted, 즉 에스프레소를 짧게 추출한 메뉴입니다. 보통 에스프레소리스트레토 솔로는 15~20ml, 도피오는 30~40ml를 짧게 추출하죠.

연희 에스프레소 기준으로 짧게 추출하면 리스트레토, 길게 추출하면 룽고네요?

구쌤 그렇습니다. 2장 첫 시간에 에스프레소가 '고온·고압으로 짧은 시간에 추출한 커피 원액'이라고 했죠? 리스트레토는 에스프레소보다 짧게 추출해서 더 진해요. 진한 것과 쓴 것은 다른 의미입니다.

연희 신기하네요. 이제부터 에스프레소리스트레토 도피오를 마셔야겠어요. 진하지만 덜 쓰고 깔끔한 커피에 도전하고 싶습니다.

구쌤 탁월한 선택입니다. 마지막으로 카페라테와 같은 의미인 카페오레café au lait에 대해 이야기하죠. 프랑스에서는 커피 우유를 카페오레라고 합니다. 영어로 coffee with milk라는 뜻입니다. 스페인에서 카페콘레체, 프랑스에서 카페오레를 주문하면 우리가 평소 즐기는 카페라테를 맛볼 수 있습니다.

연희 카페가 에스프레소니까 뜨거운 물 한 잔을 달라고 하는 것도 잊지 말아야겠죠?

구쌤 물론입니다. 다음 시간에는 에스프레소의 종류와 맛있게 즐기는 방법을 공부하겠습니다.

정리 | 커피 메뉴 이름은 재료의 결합, 생긴 모양, 추출 시간에 따라 지었다. 같은 메뉴라도 나라마다 이름이 다르니, 기본적인 메뉴 몇 가지는 그 나라 말로 알고 있으면 여행할 때 도움이 된다.

숙제 | 본인이 에스프레소를 맛있게 즐기는 방법이 있다면 다음 시간에 이야기할 수 있도록 준비해 오세요.

23강

에스프레소 삼형제

[학 습 목 표]
에스프레소, 에스프레소마키아토, 에스프레소콘파냐의 의미와 차이를 이
해하고 설명하며, 정확하게 추출할 수 있다.

구쌤　지난 시간에 커피 작명의 원리와 뜻을 알아봤어요. 오늘은 에스프레소 형제, 그러니까 에스프레소마키아토와 에스프레소콘파냐에 대해 공부하겠습니다.

연희　에스프레소는 알면 알수록 어려운 것 같아요. 처음에는 도징과 탬핑 후 포터 필터를 그룹에 장착하면 끝나지 않을까 생각했는데, 추출할 때 미세한 차이에도 결과물이 달라져요.

구쌤　아무리 좋은 그라인더로 원두를 분쇄해도 매번 토출되는 양이 조금씩 다릅니다. 신속하고 일정한 힘으로 탬핑을 하고 포터 필터를 빠르게 그룹에 장착해도 도징 시 원두 양의 차

146

이가 추출 시간의 차이를 가져오고, 커피 맛에 영향을 미칩니다. 맛있는 에스프레소를 추출하기가 생각처럼 쉽지 않죠.

연희　저는 에스프레소 크레마에 설탕을 살짝 뿌려서 마셔요. 커피의 쓴맛에 설탕의 단맛과 씹히는 맛이 좋아요.

구쌤　매력적인 방법이에요. 크레마가 탄탄하게 나와야 그 묘미를 즐길 수 있죠. 크레마 두께는 2mm 내외가 좋습니다. 크레마가 얇으면 과소 추출이나 오래된 원두를 사용한 경우입니다. 반대로 크레마가 두꺼우면 공기가 빠지면서 금세 꺼지는데, 너무 신선한 원두를 사용했기 때문이고요. 원두의 양과 상태에 따라 에스프레소 결과물이 크게 달라질 수 있습니다.

연희　저는 크레마가 두꺼울수록 좋은 줄 알았어요.

구쌤　크레마 표면이 밝은 노란색이면 과소 추출이나 너무 신선한 원두를 사용한 경우, 어두운 갈색이면 과다 추출이나 오래된 원두를 사용한 경우입니다. 좋은 에스프레소의 크레마는 적갈색을 띠고 호피 무늬가 있습니다. 이는 추출 시에도 마찬가지고요.

연희　이제 잘 추출된 에스프레소를 정확히 알 것 같아요.

구쌤　에스프레소마키아토에 대해 살펴볼까요? 에스프레소에 데운 우유 거품을 살짝 올린 것으로, 부드럽게 즐기기 좋은 에스프레소 메뉴입니다. 거품을 가운데 얹어 테두리는 커피가 보이도록 하는 게 포인트죠.

연희　에스프레소 잔을 데미타스라고 하는 이유가 있나요?

구쌤 데미타스demitasse는 프랑스어 demi(반쪽)와 tasse(컵, 잔)의 합성어입니다. 의역하면 '작은 잔'이 되겠네요. 에스프레소를 보통 잔(150~180ml)에 담으면 소주 한 잔을 맥주잔에 담은 듯 어울리지 않을 거예요. 그래서 에스프레소에 어울리는 잔을 만들고 적당한 이름을 지었죠. 데미타스 용량은 60~90ml입니다.

연희 데미타스가 일반 잔보다 두꺼운 이유도 있어요?

구쌤 두껍게 만든 것은 에스프레소가 식는 시간을 늦추기 위해서입니다. 요즘은 얇은 데미타스도 많습니다. 다음으로 에스프레소콘파냐에 대해 알아보죠. 콘은 영어로 with, 파냐는 cream입니다. 즉 에스프레소에 크림을 얹은 메뉴예요.

연희 에스프레소콘파냐는 스푼으로 에스프레소와 크림을 섞어 마셔요, 음료가 나온 상태로 즐겨요?

구쌤 캐러멜마키아토나 카페모카를 공부할 때도 말하겠지만, 모든 메뉴는 바리스타가 만든 상태로 즐기는 게 좋습니다. 에스프레소콘파냐는 달콤함 뒤에 오는 쌉쌀한 커피 맛이 매력입니다. 크림을 스푼으로 살짝 떠먹으면 고진감래를 느낄 수 있습니다. 쓴맛 뒤에 오는 단맛이라 할 수 있죠.

연희 커피 메뉴에 인생이 들었네요. 앞으로 에스프레소콘파냐를 고진감래라고 불러야겠어요.

구쌤 카페에 가서 "고진감래 한 잔 주세요"라고 하면 바리스타가 눈을 동그랗게 뜨고 쳐다보겠는데요. 나중에 본인 카

에스프레소 삼형제

에스프레소

에스프레소마키아토

에스프레소콘파냐

페를 열면 꼭 그렇게 지으세요. 맛있는 에스프레소를 추출하기 위해 '신속, 정확, 지체 없이'를 꼭 기억해야 합니다. 모든 동작이 신속하고, 원두의 양이나 탬핑 세기 등이 정확하며, 동작과 동작 사이가 지체 없어야 한다는 겁니다.

연희 정말 와 닿네요. '신속, 정확, 지체 없이'가 가능하려면 몸이 반사적으로 움직여야겠어요.

구쌤 우리가 걸을 때 생각하면서 발을 내딛나요? 아니죠. 커피를 추출할 때도 물 흐르듯이 자연스럽고 부드럽게 움직여야 합니다. 핸드 드립 공부할 때 이야기했듯이, 몸에 힘을 빼고 모든 도구는 가볍게 잡고 춤추듯이 하면 피로가 덜하고 부상 위험도 줄일 수 있습니다. 직업병이 덜 생긴다는 말입니다.

연희 오늘부터 몸에 힘을 빼는 연습도 할게요.

구쌤 마지막으로 에스프레소 맛있게 즐기는 법을 소개하고 오늘 수업을 마칠까 합니다. 우선 에스프레소에 스틱 설탕 3~5g을 넣습니다. 스푼으로 젓지 말고 에스프레소를 세 번에 나눠 마십니다. 첫 번째는 에스프레소 본연의 쓴맛입니다. 두 번째는 단맛이 살짝 도나 여전히 쓴맛이 지배적이죠. 세 번째는 설탕이 섞여 쓴맛이 덜하고 마시기 편합니다. 이제 보상의 시간입니다. 스푼으로 바닥에 깔린 설탕을 긁어 먹습니다. 이를 '커피 캔디'라고 합니다. 마지막으로 뜨거운 물을 원래 에스프레소 양만큼 잔에 붓습니다. 커피 숭늉으로 입안을 정리합니다.

연희 정말 좋은 방법이네요. 꼭 한 번 해봐야겠어요.

정리 | 에스프레소는 바리스타가 만든 그대로 즐기는 게 좋다. 데미타스는 '작은 잔'을 뜻한다. 에스프레소는 '신속, 정확, 지체 없이' 추출해야 한다. 에스프레소를 맛있게 즐기는 5단계가 있다.

숙제 | 카페에서 에스프레소를 주문하고 오늘 배운 대로 즐겨보세요. 에스프레소가 한결 친근하게 다가올 겁니다.

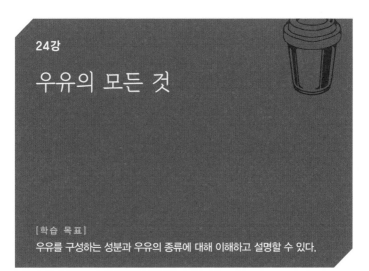

24강

우유의 모든 것

[학습 목표]
우유를 구성하는 성분과 우유의 종류에 대해 이해하고 설명할 수 있다.

구쌤 카페에서 많이 쓰는 세 가지 재료가 뭘까요?

연희 원두, 물, 우유입니다.

구쌤 대개 원두, 물, 종이컵으로 이야기하는데 정확히 알고 있네요.

연희 오늘 수업 주제가 우유잖아요.

구쌤 역시 눈치가 빠르군요. 그렇습니다. 우유는 원두와 물 다음으로 많이 쓰는 재료입니다. 휘핑크림과 아이스크림 등 유제품까지 포함하면 그 양은 더 많아지죠. 카페에서 쓰는 우유는 크게 생우유와 멸균우유로 구분할 수 있습니다. 생우유는 젖소에서 짠 우유에 최소한의 저온살균 과정을 거친 것입니다. 우유 본연의 맛이 있으나, 다른 우유에 비해 유통기한이 짧고 온도 변화에 따라 변질되기 쉽습니다. 멸균우유는 우유를 135~150℃로 2~5초간 살균 소독한 것입니다. 멸균 과정을 거쳤기 때문에 실온 유통이 가능하고, 유통기한도 2~3개월로 생우유보다 훨씬 길죠.

연희 카페에서 왜 생우유를 써요? 값도 멸균우유가 저렴하지 않아요?

구쌤 물맛에 차이가 있듯이, 생우유도 회사에 따라 맛이 다릅니다. 생우유와 멸균우유는 더 큰 차이가 있죠. 멸균우유가 생우유보다 고소하다며 찾는 사람도 있지만, 보통 생우유를 선호합니다. 멸균우유를 쓰면 왠지 좋은 원료를 쓰지 않는 카페라는 인식을 주기도 하고요.

연희 저는 카페라테를 좋아하는데, 우유를 마시면 배가 살살 아파서 피하게 됩니다. 방법이 없을까요?

구쌤 동양인은 서양인보다 락타아제가 부족합니다. 락타아제가 부족하면 유당의 분해와 흡수에 문제가 생겨 유당불내증을 겪는데, 이를 배앓이라고도 하죠. 정도의 차이가 있을 뿐, 한국인 약 80%가 이 질환이 있다고 합니다. 저도 우유를 마시면 속이 조금 불편한데, 요즘은 유당을 제거한 락토프리 제품이 나와 유당불내증 걱정 없이 우유를 마실 수 있습니다.

연희 락토프리 제품은 맛이 떨어지지 않아요?

구쌤 맛의 차이는 모르겠고, 일반 생우유보다 20~25% 이상 비싸 카페에서 쓰기는 어렵습니다. 음료값을 더 받자니 소비자의 이해를 구하기 쉽지 않고, 재고 부담도 있죠. 재고 부담을 줄이는 대안은 락토프리 멸균우유입니다.

연희 멸균우유도 락토프리 제품이 있어요?

구쌤 물론입니다. 사람들이 멸균우유가 생우유보다 많이 저렴하다고 알고 있는데, 실제로는 조금 싸거나 비슷합니다. 똑같은 우유에 별도의 공정을 거치니 기업은 비싸게 받아야 하는데, 생우유와 비슷한 값을 받습니다. 멸균우유는 보관 방법과 기간의 장점이 있지만, 인체에 유해한 균까지 멸균해 맛이 조금 떨어질 수 있습니다. 양날의 칼이죠.

연희 우유는 지방 함량에 따라 구분하기도 하잖아요. 어떻게 다른가요?

구쌤 탈지 공정을 거친 생우유는 지방 함량에 따라 탈지우유와 저지방우유로 나눕니다. 일반적으로 생우유의 지방 함량은 약 3.4%인데, 0.1% 이내까지 낮춘 것이 탈지우유입니다. 저지방우유는 지방 함량이 2% 이내고요. 우유의 주성분은 물과 당질, 지질, 단백질, 회분 등이고, 그 밖에 칼슘과 인, 철분 등이 있죠.

연희 우유를 마시면 뼈가 튼튼해진다고 하잖아요. 많이 마시면 암이 더 잘 걸릴 수 있다고 하던데, 맞아요?

구쌤 칼슘은 골밀도를 높여 뼈를 튼튼하게 합니다. 하루

다양한 우유

우유   저지방우유   멸균우유

우유 섭취량은 400ml 정도가 좋고, 많이 마시면 동물성 지방 과다 섭취로 갑상샘암 발생 확률이 높아질 수 있다는 보고가 있습니다. 우유를 적당량 섭취하면 대장암과 직장암 예방에 도움이 된다니, 너무 걱정할 필요는 없습니다.

연희   제가 전에 아르바이트한 곳에서 카페라테를 만들고 남은 우유를 모아 재사용하더라고요. 양심상 근무할 수가 없 어 그만뒀어요.

구쌤   식품위생법 위반 사항입니다. 우유는 팩 상태로 사 용하도록 규정하고 있어요. 팩에 유통기한이 있으니, 그 기 한 내 우유만 사용하라는 의미죠. 다른 용기에 덜어 쓰는 것 도 금지하는데, 남은 우유를 재사용하는 건 정말 있을 수 없는 일이죠. 본인의 양심을 속이는 일일 뿐만 아니라, 타인의 건강에 위해를 줄 수 있는 범죄행위입니다.

연희 제가 카페를 한다면 그런 행동은 안 할 겁니다.

구쌤 카페에서 우유를 선택할 때 생우유는 본인 입에 맞는 것을 고르고, 배앓이를 하는 일부 고객을 위해 락토프리 멸균 우유를 준비하면 좋을 거예요.

연희 유당불내증이 있다고 우유를 마시면 배가 아픈 건 아니죠?

구쌤 그렇습니다. 심한 사람은 바로 화장실에 가지만, 약한 사람은 증상을 거의 못 느끼기도 하니까 모두 락토프리 제품을 마셔야 하는 건 아닙니다. 요즘은 건강에 관심이 높아지다 보니 락토프리보다 저지방우유를 찾는 손님이 늘고 있어요. 다른 카페와 차별화를 위해 유제품을 다양하게 구비하는 것도 대안이 될 수 있습니다.

정리 | 우유는 생우유와 멸균우유로 나뉜다. 탈지 공정을 거친 경우 지방 함량에 따라 저지방우유와 탈지우유로 구분한다. 상당수 한국인이 락타아제가 부족해 우유를 마시면 배앓이하는 경우가 있다. 이를 위해 락토프리 제품이 대안이 될 수 있다.

숙제 | 다음 시간에는 우유 스티밍에 대해 배우겠습니다. 본인이 스티밍 시 겪는 어려움을 정리해 오세요.

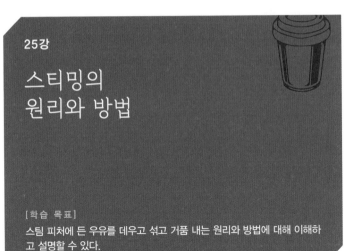

25강

스티밍의
원리와 방법

[학습 목표]
스팀 피처에 든 우유를 데우고 섞고 거품 내는 원리와 방법에 대해 이해하고 설명할 수 있다.

구쌤　우유가 들어간 따뜻한 커피 음료를 만들기 위해서는 스티밍이 필요합니다. 차가운 우유가 든 스팀 피처에 노즐을 담그고 스팀 밸브를 열어 우유를 데우고 섞고 거품 내는 과정을 스티밍이라고 합니다. 얼마나 곱고 풍성한 거품을 만드냐에 따라 바리스타의 실력을 가늠하기도 합니다.

연희　처음 스티밍을 배울 때, 뜨거운 증기에 대한 두려움 때문에 선뜻 밸브를 열지 못했어요. 지금도 거품 없이 우유만 데우려고 하면 꼭 공기가 주입돼 음료를 망치곤 합니다. 스티밍은 정말 어려운 작업 같아요.

구쌤　거품을 낼 때 내고 우유를 데울 때 데워야 하는데, 마음처럼 되지 않죠. 부단한 연습이 스티밍을 잘하는 유일한 방법입니다. 우유를 데우려면 스팀 피처가 필요한데요, 용량에 따라 소(300ml), 중(600ml), 대(900ml)로 구분합니다. 10온스 레귤러를 기준으로 카페라테를 만든다면 한 잔은 소, 두 잔은 중, 세 잔은 대를 사용하면 됩니다.

연희　일부 카페는 스팀 피처를 냉장고에 보관했다가 사용할 때마다 꺼내던데, 이유가 있나요?

구쌤　스티밍은 우유를 데우는 목적이 있지만, 공기를 주입하고 잘 섞이게 하는 목적도 있어요. 스팀 피처가 뜨거우면 우유가 금방 데워지겠죠. 스팀 피처가 차가우면 스팀이 강해도 데우고 섞는 데 시간을 벌 수 있습니다. 좋은 결과물을 얻는다는 의미죠. 그래서 우유와 스팀 피처가 차가우면 좋습니다. 스티밍의 원리에 대해 배운 적이 있나요?

연희　뜨거운 증기로 우유를 데우는 것 아닌가요?

구쌤　틀린 말은 아닌데 조금 부족합니다. 스팀 노즐 끝에 스팀이 나오는 구멍이 있습니다. 가정용은 구멍이 보통 2개, 업소용은 3~5개인데, 보일러에서 데워진 스팀이 작은 구멍을 통과하며 더 큰 에너지가 생기죠. 우리가 입을 크게 벌리고 바람을 부는 것과 입을 조금만 열고 부는 것은 차이가 있습니다. 같은 원리로 스팀의 열에너지와 운동에너지가 우유를 데우고 섞이게 하는 겁니다.

연희 스티밍의 원리가 심오하네요.

구쌤 그 과정이 얼마나 섬세하게 진행되느냐에 따라 결과물이 달라집니다. 스팀 노즐 끝에 연결된 팁은 교체 가능해요. 꼭 구멍이 많다고 좋은 건 아니고, 3~4개짜리를 많이 사용합니다. 본인이 사용해보고 맞는 것을 고르면 됩니다. 제가 아는 바리스타는 여러 개 구비하고 필요에 따라 적당한 것을 골라 씁니다. 지난 시간에 스티밍을 하면서 겪은 어려움에 대해 숙제를 내드렸죠?

연희 저는 공기를 주입하지 않은 것 같은데 공기가 들어가 있고, 반대로 공기를 주입하면 잘 안 들어갑니다. 정말 어떡해야 할지 모르겠어요.

구쌤 스티밍에서 공기 주입의 원리를 알아야 합니다. 노즐 팁과 우유 표면의 간격이 좁을수록 작고 촘촘한 공기가 주입되고, 넓을수록 크고 거친 공기가 주입됩니다. 스팀이 우유 속으로 들어갈 때 주변의 공기가 빨려 들어가죠.

연희 스팀의 공기가 아니라 압력이 낮은 주변 공기가 빨려 들어가는 거군요.

구쌤 곱고 촘촘한 거품을 원한다면 노즐 팁과 우유 표면의 간격이 좁고, 시간은 짧아야 합니다. 신속하게 공기를 주입하는 거죠. 공기를 주입하지 않으려면 노즐 팁이 우유에 잠겨야 합니다. 너무 깊이 잠기면 스팀 피처 바닥과 가까워 쇳소리가 나고, 반대로 노즐 팁과 우유 표면의 간격이 넓으면 거친 공기가 주입됩니다. 노즐 팁이 살짝 잠길 정도로 넣고 스티밍을 하면 연희 님이 겪는 문제가 해결될 거예요.

연희 스티밍을 할 때 우유를 몇 ℃까지 올려야 하나요? 맛있는 온도가 있을 것 같은데요.

구쌤 에스프레소 추출 시 온도는 보통 65~70℃입니다. 따뜻한 카페라테와 카푸치노의 가장 이상적인 우유 온도는 약 70℃로, 에스프레소와 같습니다. 하지만 현실적으로 이를 적용하기는 어렵습니다. 찬 바람이 부는 늦가을이나 겨울에는 더욱 그렇죠.

연희 저도 카페에서 아르바이트할 때 비슷한 경험이 있어요. 어떤 손님은 카페라테를 주문할 때마다 뜨거운 국물이 먹고 싶은 것처럼 "무조건 뜨겁게 해주세요"라고 합니다.

구쌤 그때 70℃로 데운 카페라테를 내면 미지근하다고 문제를 제기할 거예요. 찬 바람이 불면 우유를 뜨겁게 데우는 것도 좋은 서비스라고 생각합니다. 이론적으로 맞는 것과 현실적으로 고객이 원하는 것에는 간극이 있습니다. 무엇보다 손님의 목소리에 귀 기울여야 합니다.

연희 손님이 원하는 것에 따라 스티밍의 온도를 달리해야 한다는 말씀이죠?

구쌤 그렇습니다. 손님이 뜨겁게 해달라고 하면 그렇게 하고, 아무 말이 없으면 이론대로 하면 됩니다. 마지막으로 스팀 행주의 관리에 대해서 알아보죠. 위생은 아무리 강조해도

크기별 스팀 피처와 스티밍 모습

300ml   600ml   900ml

지나치지 않습니다. 일회용 행주를 사용하는 것이 가장 위생적이고 이상적이나, 그럴 수 없다면 행주를 수시로 빨아 사용해야 합니다. 어느 카페에 가면 행주가 바짝 말라 있어요. 이는 위생적으로 좋지 않고, 스팀 노즐에 우유가 말라붙어 노즐팁을 막기도 합니다.

연희　바리스타의 손도 깨끗해야겠어요.

구쌤　물론입니다. 향기 나는 핸드크림도 사용하면 안 됩니다. 스팀 행주에 화장품 냄새가 배면 스팀 노즐이 오염되고, 손님의 커피에 들어갈 테니까요. 오늘은 여기까지 하겠습니다.

정리 |　스티밍은 스팀 피처에 든 차가운 우유를 데우고 섞고 공기를 주입하는 과정을 말한다. 스팀 피처와 우유는 차가울수록 좋다. 스티밍의 원리는 스팀의 열에너지와 운동에너지가 우유를 데우고 섞이게 하는 것이며, 스팀 노즐의 주변 공기가 빨려 들어가면서 거품이 생긴다.

숙제 |　카페라테와 카푸치노, 플랫화이트의 차이점을 생각해 오세요.

카페라테, 카푸치노 그리고 플랫화이트

[학습 목표]
에스프레소에 우유를 희석해서 만드는 카페라테와 카푸치노, 플랫화이트의 의미와 차이를 이해하고 설명할 수 있다.

구쌤 저는 카페라테를 참 좋아하는데, 시중에서 맛있는 카페라테를 만나기 쉽지 않습니다. 기본이 되는 에스프레소의 질은 물론이고, 우유를 적당히 데우고 거품 내는 작업이 어렵기 때문이죠. 어느 때는 카페라테와 카푸치노의 중간쯤 되는 음료가 나오기도 해요.

연희 카페라테와 카푸치노의 차이를 잘 모르겠어요. 명확한 기준이 있나요?

구쌤 각 메뉴의 뜻부터 봅시다. 카페라테에서 카페는 에스프레소, 라테는 우유를 뜻하죠. 즉 에스프레소와 우유를 섞은 음료입니다. 카푸치노는 카푸친회 수도사의 옷 색깔과 후드 모양을 따서 지은 이름이라고 했죠? 카푸친회 수도사들은 후드가 달린 갈색 옷을 입는대요. 카푸치노는 곱고 풍성한 거품이 매력적인 커피라는 걸 알 수 있습니다. 플랫화이트는 어떤 음료일까요?

연희 지난 시간에 숙제로 내주셔서 알아봤어요. 카페라테와 유사한데 거품이 적은 음료 아닌가요?

구쌤 우선 이름의 뜻을 알아볼까요? flat은 '평평한', white는 '우유'를 뜻합니다. 둘을 더하면 평평한 우유, 즉 거품이 없는 우유죠. 플랫화이트도 모양을 보고 지은 이름으로, 카페라테보다 우유 거품이 적거나 없는 커피입니다. 거품이 없고 농밀한 카페라테라고 생각하면 됩니다.

연희 카페라테와 카푸치노, 플랫화이트의 거품은 어느 정도가 적당해요?

구쌤 흔히 레귤러 사이즈라고 하는 10온스 종이컵을 기준으로 설명할게요. 에스프레소 더블을 베이스로 음료를 만든다고 할 때, 카페라테와 카푸치노에 사용하는 우유의 양은 동일합니다. 거품을 얼마나 만드느냐가 다르죠. 카페라테는 거품 두께를 0.5cm, 카푸치노는 1.5cm 이상 만드는 게 좋습니다. 10온스의 8할은 240ml인데, 이론적으로 에스프레소 양을 제외하면 우유는 180ml가 필요합니다. 하지만 스티밍 시 수증기와 거품 때문에 실제 우유는 160ml면 충분합니다. 결과적으로 카페라테는 8할이 되고, 카푸치노는 거품 때문에 9할이 조금 넘습니다.

연희 우유를 같은 양 사용하지만, 스티밍 시 공기를 주입하는 정도에 따라 다르다는 말씀이죠? 플랫화이트를 만들 때 필요한 우유의 양은 얼마나 돼요?

구쌤 카페라테와 카푸치노보다 20~40ml 적은 게 좋습니다. 앞서 언급했듯이 플랫화이트는 카페라테보다 거품과 우유의 양이 적은 음료이기 때문입니다. 우유의 양이 같다면 구분하기 상당히 어렵고, 굳이 플랫화이트를 마실 이유가 없죠.

연희 스티밍할 때 공기 주입량에 따라 세 음료의 차이가 생긴다는 말씀이네요? 스티밍을 잘하는 방법이 없을까요?

구쌤 스티밍을 잘하는 방법은 연습을 많이 하는 것뿐이지만, 몇 가지 주의하면 좀 더 잘할 수 있어요. 공기를 주입하지 않는 플랫화이트는 스팀 노즐의 팁만 잠긴 상태로 스팀 밸브를 열어 우유를 데우면 됩니다. 스티밍하는 동안 스팀 피처를 움직이지 않는 게 중요합니다. 상하좌우로 움직이면 공기가 주입될 수 있거든요.

연희 여러 잔을 한꺼번에 만들 때도 같은 방법으로 하면 될까요?

구쌤 600ml 스팀 피처로 플랫화이트 세 잔을 만드는 경우를 예로 들어볼게요. 스티밍 시 수증기가 우유 속으로 들어가는데, 스팀 피처에서 우유와 수증기가 섞이다 보니 수면이 상

카페라테

카푸치노

플랫화이트

승합니다. 노즐 팁만 잠긴 상태를 유지하기 위해선 데우는 과정에 스팀 피처를 살짝 내려줘야 합니다. 공기가 주입되지 않도록 주의하면서요.

연희 그게 정말 어려워요. 저는 자세를 잘 유지한 것 같은데, 나중에 보면 거품이 많이 나더라고요.

구쌤 그런 경우 보통 바 스푼으로 거품을 걷어내고 음료를 만들죠. 플랫화이트는 공기를 주입하지 않는 게 중요합니다. 카페라테는 공기를 한두 번 주입한 뒤, 우유를 데우고 잘 섞어주면 됩니다. 취향과 계절에 따라 온도를 달리하면 좋아요. 고객이 뜨거운 카페라테를 좋아한다면 70℃를 고집하지 말고 취향에 맞게 해주세요. 겨울에도 마찬가지입니다. 특히 음료를 매장에서 마시지 않고 가져가는 경우, 평소보다 우유를 뜨겁게 해야 합니다.

연희 기본을 지키되, 고객의 취향과 계절에 따라 유동적으로 하라는 말씀이죠?

구쌤 네, 고객의 취향을 고려하지 않는 것은 바리스타의 바람직한 자세가 아닙니다. 카푸치노는 우유가 40℃에 이르기 전까지 공기를 네다섯 번 주입하고, 나머지 시간에 우유를 데우고 섞어주면 됩니다. 공기 주입 시 주의할 점은 노즐 팁과 우유 표면의 간격입니다. 간격이 너무 넓으면 거친 거품이 형성되므로, 노즐 팁이 표면에 살짝 닿을 정도로 노출하는 게 좋습니다.

연희 제가 처음 스티밍할 때 긴장한 나머지 거품이 스팀 피처 밖으로 넘쳤어요. 얼마나 놀랐는지 한동안 스티밍을 못 하겠더라고요.

구쌤 바리스타라면 누구나 비슷한 경험이 있을 거예요. 그 런 과정을 통해 실력이 쌓이죠. 처음부터 잘하는 사람은 없어 요. 음료에 따라 정확히 만들 수 있도록 부단히 연습해야죠. 고객의 요청이 있으면 귀담아듣고 원하는 음료를 만드는 게 바리스타의 역할이 아닌가 합니다.

정리 | 카페라테와 카푸치노는 사용하는 우유의 양은 같으나, 공기 주입량에 따라 거 품의 두께가 다른 음료다. 플랫화이트는 우유의 양이 적고, 거품이 적거나 없 다. 공기는 신속하게 주입하고, 거친 거품이 생기지 않도록 노즐 팁과 우유 표 면의 간격에 신경 써야 한다.

숙제 | 캐러멜마키아토, 카페모카, 바닐라라테의 특징을 예습해 오세요.

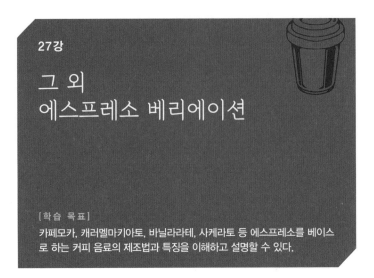

27강

그 외
에스프레소 베리에이션

[학 습 목 표]
카페모카, 캐러멜마키아토, 바닐라라테, 사케라토 등 에스프레소를 베이스
로 하는 커피 음료의 제조법과 특징을 이해하고 설명할 수 있다.

구쌤　추운 겨울에 사람들이 가장 많이 찾는 커피 메뉴는
카페모카입니다. 초콜릿 소스에 에스프레소를 부어 녹이고,
데운 우유를 희석하죠. 취향에 따라 휘핑크림을 올리면 좀 더
부드럽고 달콤한 음료가 됩니다.

연희　전부터 궁금했는데, 왜 초콜릿을 모카라고 해요? 모
카는 아라비아반도 예멘의 항구 이름 아닌가요?

구쌤　맞아요, 모카는 과거 커피 무역이 활발했던 예멘의
항구도시죠. 예멘에서 생산한 커피가 모카에 모여 세계 각지
로 떠나는 배에 선적됐어요. 지금 브라질의 산투스와 같다고

보면 됩니다. 모카에서는 커피가 나지 않지만, 그 상징성 때문에 원두 이름에 모카를 쓴 경우입니다. 모카커피에서 특유의 초콜릿 맛이 난다고 모카 원두를 사용하지 않은 커피에 초콜릿을 넣기도 했습니다.

연희 그래서 초콜릿을 모카라고도 하는군요. 모카 포트에서 모카는 초콜릿이 아니라 커피를 뜻하죠?

구쌤 네, 예멘과 에티오피아에서는 커피 이름에 모카를 붙이기도 합니다. 예멘모카마타리나 에티오피아모카가 그 예죠. 카페모카는 카페인이 가장 많은 메뉴입니다. 초콜릿에도 카페인이 있으니 밤에는 삼가는 게 좋습니다. 보통 카페모카 한 잔을 만들 때 초콜릿 소스 약 30g을 넣는데, 에스프레소 솔로 반 잔 정도의 카페인이 들었습니다.

연희 콜라를 마시면서 초콜릿 바를 먹으면 거의 에스프레소 한 잔 정도의 카페인을 섭취하는 거네요?

구쌤 그렇습니다. 커피를 마시지 않는다고 카페인에서 자유로운 건 아닙니다. 이제 본론으로 돌아가죠. 맛있는 카페모카를 만들기 위해선 컵에 초콜릿 소스를 넣고 에스프레소로 충분히 녹인 다음 데운 우유를 붓습니다. 취향에 따라 휘핑크림을 올리면 아주 부드럽고 달콤한 카페모카가 됩니다. 주의할 점은 시간이 조금 걸리더라도 초콜릿 소스를 에스프레소로 완전히 녹여야 한다는 겁니다.

연희 초콜릿 소스도 제조한 회사에 따라 맛이 다른가요?

구쌤 코카콜라와 펩시콜라 맛이 다르듯이, 초콜릿 소스도 회사에 따라 맛이 미묘하게 다릅니다. 무엇보다 초콜릿 소스가 에스프레소와 만났을 때 어떤 맛이 나느냐가 중요하죠. 반드시 둘을 섞어서 맛을 보고 선택해야 합니다. 우유와 만났을 때도 마찬가지입니다. 초콜릿 소스의 맛도 중요하지만, 다른 재료와 섞어서 맛을 보고 결정하는 게 좋습니다.

연희 캐러멜마키아토와 카페모카의 차이는 초콜릿 소스 대신 캐러멜 소스를 넣는 거죠?

구쌤 재료 측면에서는 그렇습니다. 그런데 이름을 분석할 필요가 있어요. 전에 공부했듯이 마키아토는 '얼룩진' '강조한'이라는 뜻이에요. 캐러멜 소스로 모양을 내는 음료라는 걸 알 수 있죠. 우리가 메뉴에 대해 공부하는 이유는 의미에 맞게 커피를 만들고, 고객에게 설명하기 위해서입니다.

연희 카페에 갔을 때 바리스타가 메뉴 설명을 잘 해주면 커피가 더 맛있는 느낌이 들어요.

구쌤 맞습니다. 저는 시럽이나 소스가 들어간 메뉴 중에 바닐라라테 만들기가 가장 까다로워요. 시럽을 많이 넣으면 너무 달고, 덜 넣으면 특유의 향미가 없어지거든요.

연희 단순하지만 까다로운 메뉴네요. 바닐라라테가 맛있는 카페는 다른 메뉴도 맛있더라고요.

구쌤 따뜻한 바닐라라테는 반드시 우유를 붓기 전에 시럽을 넣어야 합니다. 그렇지 않으면 시럽과 우유가 충분히 섞이

사케라토

지 않아 기대한 맛을 느낄 수 없죠.

　연희　전에 카페에서 바닐라라테를 주문했는데, 바닐라 맛
이 나지 않아 물어보니 잘 저어서 마시라는 거예요. 아이스
음료도 아닌데 말이죠.

　구쌤　마지막으로 사케라토에 대해 알아볼까요? 일본 전통
주 사케 때문에 술이 들어가는 음료인가 생각할 수 있지만,
사케라토는 영어 shake와 관계있는 메뉴입니다. 셰이커에 에
스프레소와 얼음, 시럽을 넣고 흔들면 됩니다. 손이 시릴 정
도로 흔들어야 특유의 풍성하고 부드러운 거품을 즐길 수 있
습니다. 간혹 블렌더를 사용하면 안 되냐고 묻는 분이 있는
데, 손맛 때문에 반드시 셰이커를 사용해야 합니다. 고객은
바리스타가 셰이커로 음료를 만드는 모습을 보는 재미도 있
고요.

연희 손이 시릴 정도로 흔든다는 건 얼음이 완전히 녹을 때까지 흔들어야 한다는 말씀인가요?

구쌤 그렇습니다. 얼음이 서로 부딪히고 녹으면서 거품이 생기는데, 바리스타가 얼마나 열심히 흔드느냐에 따라 음료의 질이 결정됩니다. 사케라토는 눈으로 마시는 커피라고 해도 과언이 아니므로, 칵테일 잔처럼 볼이 넓고 깊지 않은 잔에 담는 게 좋습니다. 시간이 지날수록 거품이 꺼지니 그 전에 거품을 즐기세요. 요즘은 에스프레소 대신 더치 커피를 넣기도 하는데, 거품이 더 많이 생깁니다. 다만 풍성한 거품은 에스프레소를 넣었을 때보다 잘 꺼지죠.

연희 다음에 카페에 가면 사케라토를 꼭 마셔봐야겠어요.

구쌤 우리나라 카페는 사케라토를 하는 곳이 많지 않습니다만, 맛있게 제대로 하는 카페에서 꼭 경험해보시기 바랍니다.

정리 | 카페모카는 에스프레소에 초콜릿 소스와 데운 우유를 섞어 만드는 음료로, 취향에 따라 휘핑크림을 올리기도 한다. 모카는 '초콜릿' '커피' '예멘과 에티오피아에서 나는 커피'라는 뜻이 있다. 캐러멜마키아토 만드는 방법은 카페모카와 같고, 초콜릿 소스 대신 캐러멜 소스로 모양을 낸다. 마키아토는 '얼룩진' '강조한'이란 뜻이다. 사케라토는 손이 시릴 때까지 셰이커를 흔들어야 한다.

숙제 | 더치 커피와 콜드 브루는 어떤 유사점과 차이점이 있는지, 점적식과 침출식에 대해서 예습해 오세요.

28강

상온 추출 커피의
원리와 이해

[학습 목표]
더치 커피 혹은 콜드 브루라 하는 상온 추출 커피의 원리에 대해 이해하고
설명할 수 있다.

구쌤　오늘은 여름에 인기 있는 상온 추출 커피에 대해 알아보겠습니다. 더치 커피와 콜드 브루 중에 어느 게 맞는 표현일까요?

연희　전에는 더치 커피라고 했는데, 최근에는 콜드 브루라고 많이 부르더라고요. 둘 다 맞는 것 같은데 왜 나눠서 부르는지 모르겠어요.

구쌤　일반적으로 커피는 뜨거운 물로 추출하지만, 분쇄한 원두를 상온의 물에 오랫동안 노출하면 커피의 고형固形 성분이 추출됩니다. 커피 한 잔에는 물이 98% 이상이고, 나머지

2% 이하가 다당류와 지질, 단백질, 카페인 등입니다. 10여 년 전에는 더치 커피라고 불렀는데, 최근 들어 콜드 브루라고 하는 추세입니다. 둘 다 맞는 표현이고요, 더치 커피가 특정 나라의 이름을 떠오르게 하니 추출 환경에 충실한 콜드 브루가 맞는다고 주장하는 사람도 있습니다.

연희 더치 커피에서 왜 나라 이름이 떠오르죠?

구쌤 네덜란드, 홀란드, 로열 더치가 모두 같은 나라를 가리키는 말입니다. 네덜란드가 입헌군주국이라서 로열 더치라고 부르죠. 상온 추출 커피를 만드는 방법은 크게 점적식點滴式과 침출식浸出式이 있습니다. 점적식이 분쇄한 원두에 물을 한 방울씩 떨어뜨려 원두를 불리고 추출한다면, 침출식은 분쇄한 원두를 헝겊이나 종이 주머니에 넣고 묶은 뒤 오랫동안 물에 담가 추출합니다.

연희 점적식은 카페에서 본 적이 있는데, 침출식은 한 번도 보지 못했어요. 언제부터 침출식으로 커피를 추출했나요?

구쌤 미국의 토디Toddy라는 회사에서 개발한 제품인데요. 지금은 유사품이 많죠. 토드 심슨Todd Simpson이 1964년 식물학을 공부하려고 페루에 갔는데, 그곳에서 커피를 대접받았어요. 상온으로 추출해둔 커피인데 맛이 좋았다고 합니다. 그 뒤 귀국해 침출식 커피 도구를 개발했습니다.

연희 추출 시간에 따라 맛이 다르지 않을까요?

구쌤 상온 추출 커피 역시 원두의 양, 분쇄도, 추출 시간,

추출량에 따라 맛이 다릅니다. 분쇄도는 침출식보다 점적식이 영향을 많이 받는데, 추출되지 않고 커피 탱크에 물이 고여 넘치기도 합니다. 상온 추출 커피는 원두 분쇄도를 핸드 드립보다 조금 작게 하는 것이 좋습니다. 핸드 드립이 보통 1mm 정도 굵기니까 참고하면 되겠네요.

연희　점적식과 침출식은 추출 시간이 어떻게 다른가요?

구쌤　본인의 기호에 따라 달리하면 됩니다. 산뜻한 맛을 좋아하면 조금 짧게 하고, 좀 더 묵직한 맛을 원하면 길게 하죠. 침출식은 너무 오래 담그면 불쾌한 쓴맛과 잡미가 날 수 있으니 주의하시고요.

연희　저도 집에서 점적식으로 커피를 추출해서 마시는데, 가운데 구멍이 뚫리고 분쇄한 원두 전체가 젖지 않을 때가 있어요. 해결할 방법이 없을까요?

구쌤　물방울이 너무 빨리 떨어지거나, 물의 온도가 지나치게 낮으면 그럴 수 있습니다. 미지근한 물로 천천히 떨어뜨리기 시작하면 한결 나아질 거예요. 커피 탱크에 분쇄한 원두를 담고 레벨링을 할 때도 평소보다 조금 세게 탬핑을 해보세요.

연희　핸드 드립 수업 때 물의 온도와 신맛은 반비례한다고 하셨잖아요. 상온 추출 커피는 신맛이 더 날까요?

구쌤　네, 그 신맛 때문에 상온 추출 커피를 싫어하는 분도 있죠. 청량감으로 즐기는 커피지만, 신맛이 지나치면 눈살이 찌푸려지니까요. 볶음도가 조금 강한 원두를 사용하면 신맛을 줄일 수 있습니다. 저는 상온 추출 커피의 볶음도를 가장 강하게 합니다. 구수하면서 개운한 맛이 매력적이죠.

연희 저도 다음에는 볶음도가 강한 원두를 사용해봐야겠어요.

구쌤 우리나라 상온 추출 커피는 일본의 영향을 많이 받았어요. 추출 기구도 일본 제품을 주로 썼죠. 일본에서 상온 추출 커피가 시작되진 않았지만, 핸드 드립과 마찬가지로 많이 발전시킨 공로는 인정해야 합니다.

연희 상온 추출 커피의 기원은 네덜란드 선원설과 로부스타의 쓴맛 때문에 상온으로 추출하면서 시작됐다는 설이 있던데요.

구쌤 예습을 많이 했네요. 18세기 초 네덜란드가 식민지인 인도네시아 자바섬에 커피 농장을 조성했어요. 배로 커피를 가져갔는데, 선원들이 배에서 뜨거운 물이 귀하니까 상온의 물로 추출하는 방법을 찾다가 고안했다고 하죠. 로부스타설은 19세기 후반 전 세계에 커피녹병이 창궐해, 인도네시아의 아라비카 커피나무가 큰 피해를 당했어요. 이때 병충해에 강한 로부스타로 품종을 바꿨는데, 쓴맛이 강하고 카페인 함량이 높은 단점이 있었죠. 그래서 상온의 물로 추출하기 시작했다는 설이에요. 지금은 인도네시아에 상온 추출 커피가 흔하지 않다고 합니다.

연희 제가 SNS에서 봤는데, 네덜란드 암스테르담의 유명

상온 추출 방식

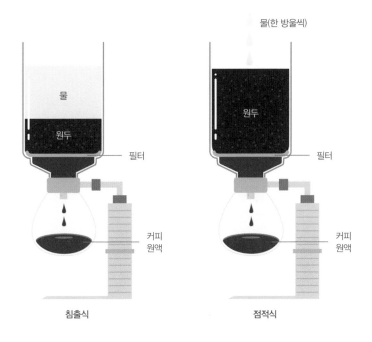

물(한 방울씩)

물

원두

필터

커피
원액

침출식

원두

필터

커피
원액

점적식

한 카페가 점적식으로 커피를 추출하면서 콜드 브루라고 해시태그를 달았더라고요. 왜 자기 나라 이름을 쓰지 않았는지 이상했어요.

구 쌤 네덜란드 사람이 상온 추출 커피를 더치 커피라고 하면 더 헷갈리지 않을까요? '네덜란드의 모든 커피가 더치 커피다'라는 말이 있어요. 아이러니하게도 네덜란드에서 더치 커피를 달라고 하면 알아듣지 못한대요. 그 카페도 그런 이유로 해시태그를 콜드 브루라고 달지 않았을까요?

연희　그럼 이제부터 더치 커피나 콜드 브루 대신 상온 추출 커피라고 해야겠어요. 추출법에 따라 달리 부르려고요.

구쌤　집에서 침출식으로도 추출해보세요. 점적식과 침출식의 차이를 느끼며 마시면 공부도 되고, 때에 따라 다른 커피를 즐길 수 있으니까요. 우유를 희석할 때는 침출식이 잘 어울립니다.

정리 |　상온 추출 커피를 더치 커피 혹은 콜드 브루라고 한다. 꼭 그런 것은 아니지만 점적식으로 추출하면 더치 커피, 침출식으로 하면 콜드 브루라고 한다. 상온 추출 커피의 기원은 네덜란드 선원설과 인도네시아 로부스타설이 있다. 일본에서 화학 실험할 때나 사용할 법한 유리 기구로 커피를 추출했는데, 이 기구가 우리나라를 비롯해 전 세계로 퍼져 지금에 이른다.

숙제 |　상온 추출 커피의 문제점과 이를 해결하기 위해 어떤 노력을 해야 하는지 생각해 오세요.

29강

상온 추출 커피의
위생 문제

[학습 목표]

상온 추출 커피의 위생 문제와 이를 해결하는 방법에 대해 이해하고 설명
할 수 있다.

구쌤　상온 추출 커피는 에스프레소과 달리 추출한 뒤 오랫
동안 보관할 수 있습니다. 에스프레소가 겉절이라면, 상온 추
출 커피는 김장이라 할까요. 겉절이는 오랫동안 보관하면 물
이 생기고 맛이 변합니다. 에스프레소가 그렇죠. 고온·고압
으로 짧은 시간에 추출한 커피라서 빨리 산패합니다. 상온 추
출 커피는 상온의 물로 오랜 시간 추출해서 장기간 냉장 보관
이 가능하고요.

연희　에스프레소가 겉절이, 상온 추출 커피는 김장이라는
표현은 처음 들어요. 다음에 친구들 만나면 꼭 써먹어야겠어요.

구쌤 해마다 여름이면 단골로 나오는 커피 관련 기사가 상온 추출 커피의 위생 문제입니다. '세균 커피'라는 오명에 시달리죠. 상온 추출 커피가 왜 위생 문제에 휘말리는지 얘기해 볼까요?

연희 상온의 물로 추출하다 보니 오염된 상태로 추출할 경우, 세균에 노출되기 때문이 아닐까요?

구쌤 정확하게 짚었어요. 그럼 이 문제를 해결할 방법은 뭘까요?

연희 커피 추출 시 위생 장갑과 마스크를 끼고 작업하면 낫지 않을까요?

구쌤 물론입니다. 더불어 추출 환경을 개선해야 합니다. 상온 추출 커피를 추출하는 기구는 대개 외부에 있어요. 먼지와 날파리가 추출액에 들어갈 수도 있죠. 추출 기구를 둔 곳에 여닫이문을 달면 이런 문제를 방지할 수 있습니다.

연희 상온 추출 커피를 생산하는 업체는 자가 품질 검사를 하는데, 왜 적발되는 업체가 나올까요?

구쌤 식품 제조업자는 분기마다 자가 품질 검사를 해야 합니다. 검사 설비를 갖추지 못한 중소 업체는 시료를 시험 기관에 보내는데, 이때 문제가 발생합니다. 일부 업체는 상온 추출 커피 시료를 한 번 끓여 보내기도 합니다. 이 경우 절대 세균이 나올 수 없죠. 시·군·구청 위생과 담당자가 직접 수거해 검사를 의뢰하면 해결될 문제인데, 이 경우 담당 인력을 늘려야 하고 절차가 복잡하니 부득이 제조업자의 양심에 맡기고 있습니다.

연희 추출 후 고온 살균해서 판매하면 세균 문제가 해결되지 않을까요?

구쌤 상온 추출 커피를 살균하기 위해 끓이거나 고온에 장시간 노출하면 맛이 완전히 달라집니다. 저도 예전에 상온 추출 커피를 파스퇴르 살균법으로 처리했는데, 살균 과정에서 맛이 변해 다 버렸어요. 우유처럼 첨단 설비를 갖추고 살균하면 좋겠지만, 작은 카페나 중소 업체에겐 어려운 일이죠. 제조 환경을 깨끗이 하고, 추출 시 오염되지 않도록 주의하고, 살균한 병에 담는 수밖에 없습니다.

연희 상온 추출 커피에 카페인이 '있다' '없다' 혹은 '더 많다' 말이 많은데, 진실은 뭔가요?

구쌤 어떤 말이 맞을 것 같아요?

연희 경험상 카페인이 없는 것 같지는 않아요. 저는 밤늦게 상온 추출 커피를 마시면 깊은 잠을 못 자거든요. 낮에 졸릴 때 진하게 마시면 머리가 맑아지기도 하고요.

구쌤 결론을 말씀드리면 당연히 카페인은 있습니다. 추출 환경에 따라 에스프레소를 베이스로 하는 음료보다 많기도, 적기도 합니다. 카페인은 수용성 물질인데, 70℃ 이상에서 잘 추출되죠. 커피는 장시간 접촉하는 경우 상온에서도 물에 녹아 추출됩니다. 분쇄한 원두 180g으로 1500ml를 추출한다고 가정하면, 원두 1g당 약 8.3ml를 추출하는 셈입니다. 에스프레소는 원두 8g으로 30ml를 추출한다면 1g당 3.75ml를 추출하는 거죠. 여기서 카페인 함량이 재미있습니다. 원두가 같은 양이라도 추출법에 따라 카페인 함량이 달랐는데, 상온 추출 커피가 에스프레소의 45% 수준이었습니다.

연희 추출법에 따라 카페인 함량이 달라지네요?

구쌤 그렇다고 볼 수 있습니다. 상온 추출 커피는 원두 양이 많으면 카페인 함량이 많아지고, 원두 양이 적으면 카페인 함량이 적어집니다. 아라비카 대신 로부스타를 사용하면 카페인 함량이 많게는 2~3배 이상 많아지기도 하고요. 로부스타가 아라비카보다 카페인 함량이 훨씬 많고 쓴맛이 강하기 때문입니다.

연희 어떤 사실을 이야기할 때는 항상 조건이 중요하네요. 어떤 상태에서 어떻게 했을 때 나오는 결과라는 식으로요.

구쌤 맞아요, 그렇지 않으면 편견에 빠지죠. 디카페인 원두를 사용하면 에스프레소와 상온 추출 커피 모두 카페인 걱정 없이 즐길 수 있습니다. 다만 디카페인 원두의 특성상 보통 원두보다 맛이 조금 떨어져요. 맛이 조금 연하다고 느껴지면 원두 양을 늘려도 되지만, 로스팅 시 볶음도를 살짝 높이면 도움이 됩니다.

연희 상온 추출 커피는 얼마나 오래 보관할 수 있을까요?

구쌤 이 질문은 답하기 조심스러운 면이 있어요. 무균 상태라면 냉장 보관할 경우 몇 달도 문제없죠. 상온 추출 커피를 생산한 업체마다 유통기한을 3~12개월로 정합니다. 저는 3개월 정도로 봐요. 그 후에도 못 마시는 것은 아니지만, 추출하고 2주쯤 지난 것을 좋아하고, 3개월이 넘은 것은 추출 상태에 따라 맛의 차이가 컸어요.

연희 상온 추출 커피지만 냉장 보관을 추천하신다는 말씀이죠?

구쌤 네, 아무래도 추출 후 상온에 노출하면 맛의 변화가 크기 때문입니다.

정리 | 에스프레소는 겉절이, 상온 추출 커피는 김장에 비유할 수 있다. 상온 추출 커피는 장기간 보관할 수 있지만, 항상 위생 문제가 따른다. 사용하는 원두의 양과 추출량에 따라 다르지만, 상온 추출 커피도 카페인이 있다. 에스프레소와 같은 양을 추출한다고 가정할 때, 사용하는 원두의 양이 적어 카페인 함량이 적게 나온다.

숙제 | 상온 추출 커피 음료의 종류와 만들 때 주의할 점에 대해 생각해 오세요.

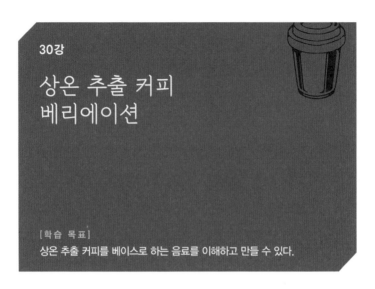

상온 추출 커피
베리에이션

[학습 목표]
상온 추출 커피를 베이스로 하는 음료를 이해하고 만들 수 있다.

구쌤 오늘은 상온 추출 커피로 즐기는 다양한 음료에 대해서 이야기하죠. 상온 추출 커피는 에스프레소 음료보다 카페인 함량이 적어 늦은 오후에도 부담 없이 즐길 수 있습니다. 숙성을 거친 상온 추출 커피는 깊고 부드러운 맛이 특징입니다.

연희 상온 추출 커피는 주로 여름에 마셔요. 겨울에는 차가워서 선뜻 손이 가지 않더라고요.

구쌤 왜 그렇게 생각하세요? 상온 추출 커피도 뜨거운 물에 희석하면 겨울에 즐길 수 있어요. 대신 강 볶음 원두로 추출하면 신맛이 적고 구수한 맛이 매력적인 커피가 됩니다.

연희 뜨거운 물에 희석해서 마신다고요? 카페에 물어보면 여름 메뉴라서 겨울에는 판매하지 않는다고 하던데요.

구쌤 상온 추출 커피에 대한 편견 때문입니다. 상온 추출 커피는 청량감을 강조하기 위해 약 볶음이나 중간 볶음 원두로 추출하는데, 이 경우 뜨거운 물에 희석하면 풋내가 날 수 있어요.

연희 상온 추출 커피를 뜨거운 물에 희석하는 경우, 커피를 붓는 순서나 물과 커피의 희석 비율은 어느 정도가 적당한가요?

구쌤 롱블랙을 만드는 방법과 같아요. 먼저 컵에 물을 붓고 그 위에 커피를 부으면 좋습니다. 물과 커피의 희석 비율은 3:1 정도가 적당해요. 예를 들어 물이 180ml면 커피는 60ml죠. 취향에 따라 커피 양을 조절하면 됩니다. 물의 온도가 너무 높으면 맛을 느끼기 어려우니 약 85℃로 맞추세요.

연희 우유와 섞으면 어떤가요? 상당히 부드러운 맛일 것 같은데요.

구쌤 부드럽긴 하지만 자칫 밋밋할 수 있습니다. 커피 양을 늘리거나 진하게 추출한 커피를 사용하면 도움이 됩니다. 물에 희석할 때와 달리, 컵에 커피를 먼저 붓고 데운 우유를 부으세요. 반대로 하면 커피와 우유가 잘 섞이지 않아 우유 맛이 강하게 느껴집니다.

연희 아이스크림과 상온 추출 커피의 조합은 어때요?

구쌤　아이스크림에 상온 추출 커피를 부으면 커피가 뜨겁지 않아 아이스크림이 덜 녹습니다. 카페인이 부담스러운 사람에게도 좋겠죠. 다만 아이스크림에 부으면 커피 기름이 뜨는데, 간혹 그게 싫다는 고객이 있었습니다.

연희　지난 시간에 상온 추출 커피 음료에 대해 생각해 오라고 하셨잖아요. 저는 더치온더록스Dutch on the rocks를 제일 좋아합니다. 맥주에 원액을 희석해 즐겨도 좋고요.

구쌤　더치온더록스는 강렬하고 깔끔한 맛이 중독성 있어요. 식후 입안을 정리하는 느낌이랄까요. 늦은 밤에도 잘 어울리죠. 에스프레소에 비견되는 메뉴가 아닐까 싶네요.

연희　제가 새로운 메뉴를 생각했는데, 탄산수에 상온 추출 커피를 희석하면 어떨까요?

구쌤　향료가 첨가되지 않은 탄산수라면 괜찮을 것 같아요. 저도 가끔 탄산수에 커피를 희석해서 마시는데, 에스프레소는 별로지만 상온 추출 커피는 청량감이 고조되는 느낌을 받았어요. 다음 시간에 한 번 해봅시다. 이제 맥주에 상온 추출 커피를 희석해 즐기는 음료에 대해 살펴볼까요?

연희　맥주 종류에 따라 맛이 많이 다를 것 같아요. 어떤 맥주에 희석하는 게 좋을까요?

구쌤　우선 주의할 점은 커피 때문에 술이 덜 취한다는 문제가 있어요. 취하지 않으니 많이 마시죠. 전에 지인들과 상온 추출 커피 1ℓ를 맥주 여러 병에 희석해 마셨는데, 술이 덜

더치맥주

취했어요. 그 바람에 술을 더 마셨고, 카페인 섭취도 지나쳐서 몸에 부담이 되더라고요. 그 뒤론 한두 잔만 즐기고 있습니다. 희석할 때는 밀맥주보다 보리맥주가 좋아요. 밀맥주는 거품이 풍성하지만, 특유의 향이 있어 커피의 풍미를 줄이거든요. 맥주가 주가 되면 그것도 나쁘지 않지만, 커피 향을 즐기기에는 미흡하니 보리맥주를 사용하는 게 좋습니다.

　연희　맛있게 만드는 방법이 있을까요?

　구쌤　맥주잔에 상온 추출 커피 50∼60ml를 붓습니다. 거품을 즐기려면 맥주를 10cm 정도 떨어진 높이에서 최대한 가늘게 따르고, 거품이 싫으면 잔에 붙여서 따르세요.

연희   더치맥주와 콜드브루맥주 가운데 어떤 이름이 맞아
요?

구쌤   저는 더치맥주가 좀 익숙한데, 왠지 네덜란드 맥주
같지 않아요? 콜드브루맥주는 차갑게 빚은 맥주라는 의미로
느껴집니다. 어느 것이 맞는다고 하긴 어렵지만, 더치비어라
고 하진 말았으면 합니다. 그 순간 커피 음료가 아니라 네덜
란드 맥주가 되니까요.

연희   더치맥주와 카페인, 따뜻하게 마시는 것까지 상온 추
출 커피에 대해 궁금한 점이 많았는데, 완전히 정리됐어요.
감사합니다.

구쌤   다행입니다. 이제 맛있게 만드는 방법을 더 고민하
고, 잘 만들 수 있도록 많이 연습하세요.

정리 │ 상온 추출 커피는 뜨겁게 마실 수 없다는 편견을 버리자. 중강 볶음 이상의 원
두를 사용하면 이전보다 구수한 풍미를 즐길 수 있다. 더치맥주는 맥주잔에 커
피를 붓고 맥주를 따르면 되는데, 거품을 즐길지 그렇지 않을지에 따라 따르는
방법을 달리한다.

숙제 │ 카페에서 판매할 수 있는 창작 메뉴 한 가지를 생각해 오세요.

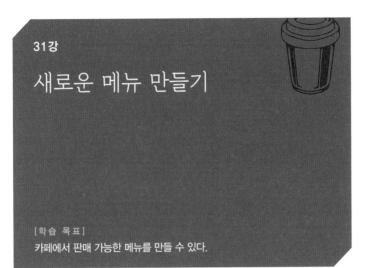

31강

새로운 메뉴 만들기

[학습 목표]
카페에서 판매 가능한 메뉴를 만들 수 있다.

구쌤　오늘은 4장 '커피 메뉴 정리하기' 마지막 시간입니다. 30회에 걸쳐 원두, 에스프레소 머신, 핸드 드립, 커피 메뉴에 대해 공부했는데 어떠셨나요?

연희　그동안 당연하게 생각하던 부분에 대해 다시 한번 고민하는 계기가 됐어요. 예를 들면 핸드 드립 할 때 자세가 바르지 않으면 직업병이 생길 수 있다는 것도 이번에 알았어요.

구쌤　그럼 카페에서 판매 가능한 메뉴 만들기에 대해 알아봅시다. 지난 시간에 탄산수에 상온 추출 커피를 희석하는 메뉴 얘기를 잠깐 하다 말았죠?

연희　네, 제가 생각한 메뉴는 물 대신 탄산수를 넣고 에스프레소 대신 상온 추출 커피를 부은 아이스아메리카노예요. 이때 탄산수는 반드시 향이 없는 제품을 사용해야 합니다.

구쌤　여름 메뉴로 좋을 것 같네요. 숙제를 잘했어요. 그럼 메뉴를 만드는 기본 원칙에 대해 얘기해볼까요?

연희　계절 메뉴는 해마다 새로 만들어야 하나요?

구쌤　에스프레소를 베이스로 하는 기본 메뉴는 변하지 않지만, 해마다 여름과 겨울에 어울리는 메뉴를 한 가지씩 만드는 게 좋습니다. 계절 메뉴는 꾸준히 팔리면 고정 메뉴가 되고, 그렇지 않으면 한철 메뉴로 끝나죠.

연희　메뉴 이름 짓기가 힘들어요. 탄산수에 상온 추출 커피를 희석한 메뉴 이름은 뭐가 좋을까요?

구쌤　사람들이 이해하기 쉽고 재료에 충실한 이름을 지어보세요. 탄산수와 상온 추출 커피가 들어갔으니 콜드브루에이드, 어때요? 더치에이드보다 개운한 느낌이 들어요. 계절 메뉴는 최소한 3개월 전에 준비해야 합니다. 6개월 전에 하면 더 좋고요. 5월부터 여름 음료가 많이 나가니까 늦어도 2월에는 개발해야겠죠. 겨울 음료는 11월부터 많이 나가니 8월쯤 시작해야 실수가 없을 겁니다.

연희　흑당버블티처럼 유행을 타는 메뉴도 필요할까요?

구쌤　어려운 질문이네요. 본인이 정통 커피만 하겠다면 시류에 흔들리지 않고 정진해도 좋습니다. 그러나 그 메뉴가 큰

흐름이라면 하는 것도 나쁘지 않다고 생각합니다. 지금 흔한 메뉴도 과거에는 새롭게 등장한 음료였으니까요. 창작 메뉴는 방법과 조합이 중요합니다. 재료를 섞기 전에 강조할 재료를 정해야 해요. 그렇지 않으면 정체불명의 음료가 되거든요. 강조할 재료를 죽이는 재료는 혼합하지 않는 게 좋고요. 연희 님이 생각한 메뉴에 레몬 향 탄산수를 쓰면 커피 풍미가 많이 떨어지겠죠.

연희 새로운 메뉴를 출시할 때는 무척 떨릴 것 같아요.

구쌤 새로운 메뉴를 만들면 판매하기 전에 충분히 테스트해야 합니다. 우선 직원들이 맛보고, 괜찮으면 단골에게 시음을 부탁하는 것도 방법입니다. 단골의 충성도를 높일 뿐만 아니라, 출시 전에 객관적으로 평가받는 계기가 되니까요.

연희 값은 어떻게 정해요? 콜드브루에이드를 예로 설명해 주세요.

구쌤 아이스더치아메리카노보다 높아야겠죠. 레모네이드에 맞추면 어떨까요? 레모네이드가 아이스더치아메리카노 값보다 낮다면 그보다 높이고요. 새 메뉴의 값은 종전에 판매하는 음료의 재료 조합을 감안해서 결정합니다.

연희 요즘 겨울 음료로 밀크티를 많이 판매하는데, 어떻게 차별화하는 게 좋을까요?

구쌤 더 좋은 재료를 쓰고, 만드는 법을 달리하고, 용기를 차별화하면 어떨까요? 원가를 생각하면 싼 재료를 쓰는 게

밀크티 만들기

맞지만, 싸고 좋은 재료는 거의 없습니다. 값을 조금 더 받더라도 좋은 재료를 쓰는 게 장기적으로 유리하죠. 밀크티를 만들 때 우유를 데워야 하는데, 밀크 팬을 사용하면 뜨겁게 데울 수 있고, 스팀 노즐과 달리 수증기가 섞이지 않아 맛이 더 진합니다.

연희　밀크 팬에 끓이는 밀크티는 정성이 더 들어간 느낌이에요. 엄마가 집에서 정성스럽게 끓인 것 같아요.

구쌤　액자에 따라 그림이 달라 보이듯이, 용기를 달리하는 것도 경쟁력을 높이는 방법입니다. 밀크티를 종이컵 대신 병이나 내열 플라스틱 용기에 담으면 훨씬 고급스러워요. 고객이 여러 개 구매해 선물하거나 나눠 마실 수도 있고요.

연희 저도 병에 담긴 밀크티를 몇 개 사서 회사 사람들과 나눠 마신 적이 있어요. 나중에 데워 마셔도 좋더라고요.

구쌤 무엇을 하느냐보다 어떻게 하느냐가 중요한 시대입니다. 나만의 메뉴도 오래지 않아 남들이 따라 할 거예요. 그러나 방법을 달리하고 만드는 데 정성을 쏟으면 쉽게 따라 하지 못하죠. 그런 것은 말하지 않아도 고객이 먼저 압니다.

연희 저도 정성을 들인 제품에 지갑을 여는 편이에요.

구쌤 콜드브루에이드 역시 누구나 할 수 있는 메뉴입니다. 차별화하려면 베이스가 되는 상온 추출 커피가 맛있어야 해요. 다른 카페에서 따라 할 수 없는 특유의 풍미를 갖추면 분명 인기 메뉴가 될 겁니다.

정리 | 새로운 메뉴를 만들 때는 적어도 3개월 전에 준비하고, 직원과 단골의 시음을 거친 뒤 판매해야 한다. 재료를 조합할 때 강조할 것을 정하고, 그 맛을 떨어뜨리는 재료는 피한다. 재료의 궁합이 중요하다. 세상에 없는 메뉴를 고민하기보다 만드는 방법을 달리하고, 용기나 포장의 차별화로 승부를 보는 게 승산이 높다.

숙제 | 바리스타의 의미와 직무에 대해서 생각해 오세요.

5장
|
바리스타
바로 세우기

바리스타란
무엇인가?

[학습 목표]
바리스타의 의미, 과거와 현재, 미래 바리스타의 역할에 대해 이해하고 설명할 수 있다.

구쌤　오늘은 5장 '바리스타 바로 세우기' 첫 시간입니다. 우선 바리스타의 의미에 대해 이야기해볼까요? 바리스타 barista는 '바에서 일하는 사람'을 뜻하는 이탈리아어예요. 영어로 하면 바텐더bartender입니다.

연희　바텐더는 칵테일 바에서 일하는 사람 아닌가요?

구쌤　지금은 직업이 분화돼 바리스타와 바텐더를 구분하지만, 옛날에는 카페에서 커피와 술을 제공했기 때문에 바리스타와 바텐더가 같은 의미로 쓰였죠. 바리스타를 어떻게 정의할 수 있을까요?

연희 바에서 커피를 만드는 사람, 아닐까요?

구쌤 좁은 의미와 넓은 의미가 있어요. 말씀대로 '커피를 만드는 사람'은 좁은 의미고, 넓은 의미로는 '고객에게 주문을 받고 커피와 다양한 음료를 만들어 서비스를 제공하는 사람'이라 정의할 수 있습니다.

연희 주문을 받는 것도 바리스타의 영역인가요? 요즘은 웬만한 건 키오스크kiosk*로 주문을 받잖아요.

구쌤 카페라테처럼 간단한 주문은 커피를 잘 모르는 사람도 받을 수 있습니다. 원두를 사려는 고객이 원두의 종류와 특징에 대해서 질문하거나 어떤 걸 고를지 망설인다면 커피를 모르는 사람이나 키오스크가 추천할 수 있을까요? 에스프레소리스트레토 도피오와 케냐AA 20g을 핸드 드립으로 주문한다면 어떤 일이 벌어질까요? 더불어 에스프레소를 싱글 오리진으로 선택할 수 있냐고 묻는다면 어떻게 될까요?

연희 AI가 더 발전하면 가능하지 않을까요?

구쌤 그런 시대일수록 인간이 하는 서비스가 그리울 겁니다.

연희 카페에서 어떤 서비스를 하는 건지 모르겠어요. 요즘은 음료가 준비되면 고객이 직접 가져가잖아요.

---

*원래 '옥외에 설치한 대형 천막'을 뜻했으나, 최근에는 '공공장소에서 주변 정보나 버스 시간 안내 등 대중이 이용하기 쉬운 무인화·자동화된 무인 정보 단말기'를 뜻한다. 대개 터치스크린 방식을 적용해 정보를 얻거나 구매, 발권, 등록 등의 업무를 처리한다.

구쌤　서비스의 개념은 음료를 고객의 자리에 가져다주는 데 그치지 않아요. 음료를 맛있게 즐기는 방법을 설명한다거나, 고객이 음료에 대해 궁금해하는 점에 답하는 것도 포함됩니다. 무엇을 제공하느냐도 중요하지만, 어떻게 제공하느냐에 가치를 둬야 하지 않을까요? 음료를 만들고 고객에게 필요한 설명을 해주는 것 역시 바리스타의 역할입니다.

연희　미래의 바리스타는 어떤 모습일까요?

구쌤　얼마 전 카페쇼에 가보니 로봇이 에스프레소 머신을 다루고, 핸드 드립까지 하더군요. 인건비 상승과 기술 발달에 힘입어 카페도 많은 부분이 자동화되겠죠. 미래에 바리스타는 로봇이 하지 않을까 싶습니다.

연희　향후 바리스타라는 직업이 사라질까요?

구쌤　실력 없는 상당수 바리스타가 설 자리는 없어지겠죠. 에스프레소 머신과 로봇을 유지·관리하는 바리스타가 필요하지 않을까요? 기계가 오작동할 때 바로잡을 사람, 에스프레소 머신 청소할 사람이 필요할 거예요. 그때가 되면 주문도 AI 로봇이 받을 겁니다. 사람과 대화가 가능하니 고객이 질문하면 그에 맞는 대답을 하겠죠. 바리스타의 기능과 역할이 많이 달라질 겁니다.

연희　그럼 저 같은 사람은 뭘 준비해야 하나요?

구쌤　핸드 드립 수업에서 잠깐 말한 기억이 나는데, 그림과 사진을 생각하면 이해가 빠를 거예요. 카메라가 나왔을 때 사람들은 이제 그림이 설 자리는 없을 거라고 예상했습니다. 하지만 그림은 예술의 영역으로, 사진은 실용의 영역으로 자리 잡았어요. 그 뒤 사진은 필름과 디지털로 분화되고, 필름이 거의 사라지고 디지털만 살아남았습니다. 카페도 그렇게 되지 않을까요? 사람이 음료를 만들고 서비스하는 고급 카페와 기계로 자동화된 실용 카페로 분화되겠죠. 사람 손이 필요한 옷은 세탁소에 맡기고, 그렇지 않은 옷은 코인 세탁소를 이용하는 것처럼요.

연희 앞으로 인구가 줄고 인건비가 더 상승하면 속도가 더 빨라지겠네요?

구쌤 네, 실력이 없는 바리스타는 설 자리가 없을 겁니다. 대부분 자동화되면 지금처럼 많은 인력이 필요하지 않을 테니까요. 하지만 실력 있는 바리스타에 대한 수요는 변하지 않을 거라고 봅니다. 요즘 셰프들 인기가 굉장하잖아요? 불과 10여 년 전만 해도 셰프에 대한 인식이 지금 같지 않았어요. 카페에 대한 인식이 바뀌고, 좀 더 세련되고 고급화된 커피 음료의 수요가 많아지는 추세니 바리스타를 보는 눈도 달라질 겁니다.

연희 바리스타도 셰프처럼 전문직으로 변할 거라는 말씀이죠?

구쌤 그렇습니다. 지금도 동네 밥집 같은 카페가 있고, 고급 레스토랑 같은 카페가 있잖아요. 규모가 작아도 차별화된 음료와 서비스를 제공하는 카페는 살아남을 겁니다. 그렇지 않으면 규모가 커도 고객의 발길이 뜸해지면서 사라질 테고요. 한때 패밀리 레스토랑의 인기가 대단했는데 지금은 어떻습니까? 규모만 크고 고객의 입맛을 따라오지 못해 거의 다 사라졌어요. 그 후에 셰프가 떴죠. 바리스타도 그렇게 될 거라고 봅니다.

정리 | 바리스타는 원래 '바에서 일하는 사람'이라는 뜻으로, 영어로는 바텐더다. 바리스타의 역할은 고객에게 주문을 받고, 커피와 다양한 음료를 만들어 서비스하는 것이다. 인건비 상승과 기술 발달로 바리스타가 설 자리가 줄어들지만, 실력 있는 바리스타의 수요는 더 많아질 것이다.

숙제 | 바리스타로서 자신의 목표를 발표할 수 있도록 준비해 오세요.

33강

바리스타의 비전은
무엇인가?

[학습 목표]
바리스타가 갈 수 있는 길을 이해하고, 진로에 대해 고민해본다.

구쌤 지난 시간에 바리스타로서 자신의 목표에 대해 생각해 오라고 숙제를 내드렸죠? 어떤 목표와 계획이 있는지 얘기해볼까요?

연희 실력부터 쌓을 생각입니다. 그리고 저만의 멋진 카페를 열어 오래도록 사랑받는 공간을 만들고 싶어요.

구쌤 실력부터 쌓는다는 생각이 바람직합니다. 대개 일을 벌일 궁리부터 하는데 말이죠. 어떤 목표가 있으면 언제까지 이루겠다는 기한을 정하는 게 중요합니다. 그렇지 않으면 목표가 막연하고 집중력이 떨어지죠. 5년 동안 어떤 실력을 쌓고, 돈을 어떻게 마련해서 어디에 어느 정도 규모로 카페를 시작하겠다는 식으로 구체적이어야 합니다.

연희 언젠가 그렇게 되지 않을까 막연하게 생각했지, 선생님 말씀처럼 구체적으로 계획해본 적은 없어요.

구쌤 바리스타로서 갈 수 있는 길은 어떤 것이 있을까요?

연희 카페에서 일하는 것과 창업이 있지 않을까요?

구쌤 시대가 빠르게 변하고 있어요. 과거에 없던 직업과 일이 생겨나고요. 유튜버도 그 가운데 하나입니다. 한때 여행 작가가 인기 있었는데 요즘은 시들하죠. 커피 관련 글을 쓰는 작가는 어떨까요? 전업 작가가 아니라도 바리스타로서 겪는 어려움과 보람, 현실에 대해서 쓰는 거죠.

연희 그런 생각은 한 번도 해보지 않았어요. 글재주가 없어서 글쓰기는 안 되고, 유튜버는 도전할 만하겠네요.

구쌤 시대가 뭘 원하는지, 사람들의 취향은 어떻게 변하는지 눈여겨봐야 기회를 잡을 수 있습니다. 시대에 따라 사람들의 커피 취향도 변하죠. 어떤 카페 분위기를 좋아하는지, 어떤 음료를 찾는지 관찰하고 대응해야 사랑받고 살아남는 카페를 운영할 수 있습니다. 지금은 비록 카페 직원이라도 창업에 대한 목표가 있다면 사장처럼 생각하고 일해야 합니다. 어디에 문제가 있는지, 어떻게 하면 불필요한 지출을 줄일 수 있는지 고민해야죠. 그런 게 쌓이면 나중에 카페를 창업하고 운영할 때 큰 도움이 됩니다.

연희 커피 회사에 들어가는 건 어떨까요? 커피 회사에 다니다가 창업한 분들도 있는 모양이던데요.

구쌤 그 경우 나이가 중요합니다. 경력이 없으면 나이 들어서 커피 회사에 들어가기 어려우니까요. 젊을 때부터 고민하는 게 좋습니다. 커피 회사에 들어가고, 몇 년 뒤에 커리어를 어떻게 관리하겠다는 식으로 계획을 세워야 합니다. 그렇지 않으면 수동적으로 직장 생활을 하다가 세월만 가죠.

연희 사람들은 카페에서 일하면 아르바이트하는 사람이라고 인식하는 것 같아요. 바리스타를 전문직 노동자가 아니라 '알바'로 보죠. 그들도 4대 보험 적용받고 퇴직금도 있는데요.

구쌤 정식 직원으로 일하면 4대 보험과 퇴직금이 적용되기도 하지만, 단기간 일하는 경우가 많으니 그렇게 보는 것 아닐까요? 자의 반 타의 반으로 일하는 기간이 짧다 보니 사람들이 편견을 갖는 것 같습니다. 가능하면 한곳에서 오래 일하며 경력을 쌓는 게 도움이 됩니다. 저는 직원을 채용하는 경우, 한곳에서 일한 근무 기간을 가장 중요하게 봅니다. 단기 계약직이 아니라면 한곳에서 1년 이상 근무한 사람에게 눈이 갑니다.

연희 카페에서 일하며 배우려면 어느 정도 기간이 적당할까요?

구쌤 무엇보다 본인의 목표에 맞는 곳을 찾아야 합니다. 카페를 창업할지, 당장 생활비를 벌기 위해 일할지에 따라 찾는 곳이 다르겠죠. 일단 시작하면 본인이 잘못 선택한 경우가 아닌 한, 사계절을 지켜봐야 합니다. 계절마다 사람들이 찾는 음료가 따로 있고, 구매 패턴이 다르니까요. 왜 그런지 스스로 답을 찾아야 합니다.

연희 저는 나중에 핸드 드립 전문 카페를 운영하고 싶은데, 어떻게 준비하면 좋을까요?

구쌤 프랜차이즈 카페는 대개 에스프레소 머신을 사용합니다. 특정 시간에 사람이 몰리면 핸드 드립으로 응대하기 힘들기 때문이죠. 핸드 드립은 직원마다 차이가 크고, 훈련하는 데 시간과 비용도 많이 듭니다. 제 생각에는 에스프레소 머신을 사용하는 카페에서 일하고, 집에서 핸드 드립을 꾸준히 연습하는 게 어떨까 싶어요. 에스프레소 머신이 있고 핸드 드립도 하는 카페에서 일하면 좋겠지만, 두 가지를 한꺼번에 배우기가 쉽지 않습니다.

연희 핸드 드립 카페에서 일하면 에스프레소 머신 사용법을 못 배울 것 같고, 에스프레소 머신을 사용하는 카페에서 일하면 핸드 드립 경험을 못 할 것 같아요.

구쌤 핸드 드립 카페에서는 당연히 핸드 드립 경험이 있는 사람을 원하기 때문에 들어가기 쉽지 않습니다. 그러니 에스프레소 머신을 사용하는 카페에서 경력을 쌓고, 틈틈이 학원이나 좋은 선생님을 찾아 핸드 드립을 배우면 어떨까요?

연희 저는 커피 유튜버 쪽에 집중할까 합니다. 오래 하다

보면 구독자가 늘고, 그들이 나중에 제 카페에 오지 않을까요? 배우고 연습한 것을 영상으로 만들면 결국 제 실력이 늘고, 자산이 되니까요.

구쌤 오래 걸리겠지만, 좋은 생각입니다. 뭐든지 꾸준히 해야 좋은 결과가 나오는 법이니 조급하게 생각하지 말고 몇 년 투자해보세요. 중간에 막히거나 궁금한 점이 있으면 언제든 찾아오시고요.

정리 | 바리스타의 길을 가는 방법은 카페 직원, 카페 창업, 커피 회사 취업, 커피 관련 작가, 커피 유튜버 등 다양하다. 어떤 일을 하느냐보다 어떻게 하느냐가 중요하다. 분야나 직장을 정했으면 큰 문제가 없는 한 1년 이상 한곳에서 일해야 경력에 도움이 된다.

숙제 | 바리스타가 지켜야 할 윤리에는 어떤 것이 있는지 생각해 오세요.

34강

바리스타의
윤리 의식

[학습 목표]
바리스타로서 갖춰야 할 직업윤리에 대해 이해하고 설명할 수 있다.

구쌤　처음 배우는 분들에게 왜 커피를 하려고 하느냐 물으면 본인이 커피를 좋아한다는 대답이 먼저 나오고, 향긋하고 맛있는 커피를 만들어 사람들에게 기쁨을 주고 싶다고 합니다. 연희 님은 왜 커피를 시작했나요?

연희　저 역시 커피가 좋고, 이 일을 하면 적어도 불행하지는 않을 거라는 생각이 들었습니다. 그 생각은 지금도 변함이 없어요.

구쌤　정작 카페를 하면 자기도 모르게 생각이 바뀌어요. 초심을 잃죠. 오늘은 그 부분에 관해 이야기하려고 합니다.

카페에서 커피를 파는 것은 단순히 음료를 제공하는 것을 넘어 구매한 사람에게 행복한 하루를 선물하는 겁니다. 출근길에 들른 고객이라면 하루를 기분 좋게 시작하는 커피일 테고, 점심시간에 들른 고객이라면 식사 후 입을 개운하게 하고 졸린 오후를 버티는 힘을 주는 커피일 겁니다.

연희 저도 아침에 맛있는 커피를 만나면 종일 기분이 좋고, 간혹 맛없는 커피를 받은 날에는 왠지 모르게 기분이 나빴어요. 말씀대로 오후의 커피는 정신을 맑게 하고, 남은 하루를 버티게 해주는 자양 강장제 같아요.

구쌤 사람이 많이 몰리는 출근 때나 점심시간에 커피를 추출하다 보면 비정상적인 결과물이 있습니다. 커피가 맛없을 걸 알면서도 그냥 내보내죠. 이 점에 주의해야 합니다. 맛없는 커피를 받아 든 고객은 다시 그 매장을 찾지 않을 테니까요. 아무리 바빠도 잘못 추출된 커피는 과감히 버려야 합니다.

연희 제가 전에 아르바이트한 카페에서 음료 제조 후 스팀 피처에 남은 우유를 따로 모아 사용하라고 했다는 얘기한 적 있잖아요.

구쌤 누가 그 일을 시켰나요?

연희 카페 사장님이요. 양심상 도저히 할 수 없어서 어느 때는 한데 모은 우유를 버리고, 함께 일하던 알바들이 십시일반 돈을 모아 우유를 사서 채웠어요. 결국 카페를 그만뒀죠.

구쌤 아직도 그런 곳이 있군요. 스티밍 후 남은 우유가 아까우면 정량을 사용해서 버리는 우유가 없도록 해야죠. 내부에 눈금이 있는 스팀 피처를 사용하는 방법도 있습니다. 불가피하게 남은 우유는 본인이 마시거나 버려야지, 한데 모아 재사용하는 것은 식품위생법 위반 여부를 떠나 도의적으로 못할 일입니다.

연희 그 사장님이 장사도 안 되는데 남은 우유를 버리면 어떡하냐고, 손님한테 나간 것도 아니니 모아서 다시 써도 된다고 하셨어요.

구쌤 신선 식품은 손님한테 나간 것이 아니라도 재사용을 법으로 금지하고, 가열한 우유를 차게 했다가 다시 가열하면 맛이 달라지기 때문에 안 됩니다.

연희 저는 아직 카페를 운영해보지 않아 사장님의 마음을 100% 이해 못 하지만, 장사도 안 되는데 버리는 우유를 보면 마음이 편치 않을 것 같아요.

구쌤 그 우유를 재사용하면 장사가 잘될까요? 맛없는 음료를 누가 재구매할까요? 재료를 낭비하지 않으려면 직원이 실력을 쌓고, 사장도 커피에 대해 알고 추출할 줄 알아야 합니다. 유통기한이 하루 지난 재료는 사용하지 말아야 할까요, 상하지 않았으니 사용해야 할까요? 연희 님이 카페 사장이라면 어떻게 하겠어요?

연희 제가 사장이라면 조금 흔들릴 것 같아요. 육안으로는 물론이고 맛을 봐도 아무 이상이 없다면 버리기 아깝지 않을까요? 집으로 가져가서 마셔도 안 되나요?

구쌤 집에 가져가서 개인적으로 쓰는 것을 비난할 사람은 없습니다. 하지만 유통기한이 지난 제품을 본인이 쓰려고 카페 냉장고나 창고에 보관하다가 적발되면 바로 행정처분을 받죠. 아무리 변명해도 소용없어요. 유통기한이 지난 제품은 바로 쓰레기통에 버리는 게 낫습니다. 자주 쓰지 않는 재료는 반드시 날짜를 확인하고요. 특히 파우더와 소스 같은 재료에 주의해야 합니다.

연희 아르바이트하다가 유통기한이 지난 제품을 발견하면 어떻게 해요?

구쌤 매니저가 있으면 먼저 얘기하고, 없으면 사장에게 보고해야 합니다. 사장이 유통기한이 지난 제품을 사용한다면 다른 카페를 찾아보는 게 좋습니다. 마음도 불편하고 배울 게 없는 곳이니까요. 모든 음식점이 그렇지만, 카페는 돈보다 맛을 추구해야 하고 더 나아가 위생과 고객의 건강에 집중해야 합니다. 아무리 맛있는 음식점이라도 위생이 엉망이면 다시 가고 싶지 않죠? 바리스타 역시 맛있는 커피를 만드는 것은 물론, 본인의 건강과 위생에 신경 써야 고객에게 맛있고 건강한 커피를 제공할 수 있습니다.

연희 그 말씀에 공감이 갑니다. 몸이 좋지 않으면 빨리 일을 끝내고 집에 가고 싶지, 커피에 마음이 가지 않더라고요.

구쌤 재료를 낭비하는 것은 잘못된 행동이고, 아끼는 것은 짧은 생각이며, 재사용하는 것은 범죄임을 잊지 마세요. 초심과 원칙을 오래도록 지켜야 성공할 수 있습니다. 저 역시 초심과 원칙을 잃지 않으려고 부단히 노력합니다.

연희　오늘 선생님 말씀을 듣고 나니 마음이 한결 가벼워졌어요. 유통기한이 지난 제품을 쓰는 걸 목격하면 어떻게 해야 하나 고민이 많았거든요. 같이 일하는 사람도, 사장님도 좋은데 이런 일이 생기기도 해서요. 이제 명확해졌어요.

구쌤　우리는 커피나 음료만 파는 게 아님을 잊지 마세요. 한순간 잘못된 판단이 한 사람의 하루를 망가뜨리고, 건강도 해칠 수 있습니다.

정리 | 잘못 추출한 커피는 버려야 하고, 재료는 낭비하지 않되 재사용하지 말아야 한다. 바리스타도 요리사임을 잊지 말고 돈보다 맛을, 맛보다 위생과 고객의 건강을 생각해야 한다.

숙제 | 바리스타로서 어떤 사명감을 가지고 일해야 하는지 생각해 오세요.

바리스타의
사명감

[학습 목표]
바리스타의 바람직한 자세와 사명감에 대해 이해한다.

구쌤 제가 고객에게 들은 말 가운데 가장 상처를 받은 것은 "커피나 뽑는 주제에…"라는 말이에요. 지금도 그때 생각을 하면 '그 사람은 왜 그렇게 얘기했을까?' '바리스타라는 직업이 정말 그런 말을 들어야 할 만큼 하찮은 일인가?' 싶어 씁쓸합니다.

연희 저는 아르바이트할 때 "알바 주제에…"라는 말을 가끔 들었어요. 대부분 그렇지 않지만, 일부 고객은 알바라고 하대하는 경향이 있어요. 그때마다 '나는 나중에 저렇게 살지 말아야지' 다짐합니다.

구쌤 제가 지금도 커피를 업으로 삼는 건 커피가 좋고, 커피 한 잔이 사람을 얼마나 행복하게 하는지 알기 때문입니다. 어떤 고객은 맛있는 커피 한 잔을 받아 들고 "오늘 사장님이 주신 커피 한 잔 때문에 종일 행복할 것 같아요"라며 감사 인사를 건네기도 하죠. 그럴 때 '내가 이 일을 하기 참 잘했구나' 생각합니다.

연희 저도 나중에 커피를 정말 잘하게 되면 고객한테 그런 얘기를 들을 수 있겠죠? 사람들에게 인정도 받고요. 제가 커피를 한다고 했을 때, 부모님이 많이 반대하셨어요. 나이 먹고도 할 수 있는 일을 왜 젊어서부터 하려고 하냐며 다른 일을 찾아보라고요. 요즘은 제가 이 일을 정말 좋아하는 걸 알고 잘해보라며 격려해주세요.

구쌤 아무리 보수가 좋고 사람들이 부러워하는 직업이라도 본인이 만족하지 못하면 괴로울 수밖에 없습니다. 그런 일을 오래 하는 건 본인뿐만 아니라 주변 사람에게도 못 할 짓이죠. 제가 생각하는 선진국이란 수준 높은 도덕성을 갖추고, 자기 직업에 최선을 다하는 사람들이 모여 사는 곳입니다. 여러 나라를 여행할 때, 카페에서 바리스타와 고객이 격의 없이 대화하는 모습이 참 인상적이었어요. 한눈에 봐도 나이 지긋하고 멋진 분이 젊은 바리스타를 하대하지 않고 매너 있게 대하더군요.

연희 우리나라 사람들은 대부분 나이 차가 나면 반말부터 하잖아요. 그럴 때면 정말 일할 의욕이 꺾여요.

구 쌤 바리스타로서 사명감을 갖고 일하기 참 어렵죠. 주문을 잘 받고 정성껏 맛있는 커피를 만들어 정중하게 서비스하겠다는 마음이 바리스타의 사명감인데요. 사람들의 인식이 조금씩 바뀌고 있다는 게 다행입니다. 과거보다 많이 나아졌어요. 연희 님은 카페에서 어떤 마음으로 일하시나요?

연 희 저는 미래를 보고 하죠. 언젠가 내 카페를 운영하며 정말 멋있게 살겠다는 마음으로 하루하루를 견딥니다.

구 쌤 그럼 지금은 행복하지 않아요? 일하는 순간순간이 괴로운가요?

연 희 솔직히 유쾌하진 않습니다. 제가 많이 부족하기도 하고, 고객에게 칭찬을 받는다거나 돈을 많이 버는 것도 아니니까요.

구 쌤 커피를 배우는 과정이 재미있고 행복하지 않아요?

연 희 그 순간은 정말 좋죠. 모르는 것을 배우고, 새로 알게 된 것을 해보면 굉장히 뿌듯합니다.

구 쌤 저는 바리스타라는 직업이 어감의 화려함만큼 빛나는 일은 아니라고 생각합니다. 어쩌면 정말 힘들고 어렵고 보상이 적은 직업이에요. 커피 한 잔에 3000원을 받으면 다행이죠. 고객이 3000원을 내지만 커피의 가치까지 3000원이라고 생각지 않습니다. 커피는 나의 하루를 시작하는 한 잔, 오후의 나른함을 날려버릴 한 잔, 나와 깊고 고독한 밤을 지새

울 한 잔의 의미가 있습니다. 커피 한 잔 한 잔을 돈으로 보면 이 일을 할 수 없습니다. 돈을 많이 벌 수 있는 일을 찾는 게 낫습니다.

연희 선생님께 커피는 어떤 의미인가요?

구쌤 저는 커피가 몸에 들어와 혈관을 통해 구석구석으로 퍼진 다음에야 하루를 시작할 수 있습니다. 커피가 지구촌 곳곳에서 사랑을 받은 이유죠. 누구나 쉽게 바리스타가 될 수 있습니다. 조금만 배우면 커피를 추출하니까요. 그러나 훌륭한 바리스타가 되는 건 전혀 다른 문제입니다. 누가 그런 바리스타가 될 수 있을까요?

연희 커피를 사랑하고 이 일에 자부심을 느끼는 사람이 아닐까요?

구쌤 그렇습니다. 커피 한 잔에 모든 열정을 쏟아붓는 사람, 커피를 만드는 동작마다 기품과 유연함이 묻어나는 사람, 커피 한 잔에 인생을 담는 사람이 감동을 주는 바리스타가 될 수 있습니다. 저도 한결같이 그런 목표로 임하고 있습니다. 비록 사람들이 잘 몰라도 흔들림 없이 그 길을 걸어가죠.

연희 그런 마음은 바리스타뿐만 아니라 모든 직업인에게 필요한 것 같아요. 저 역시 한 모금 마시고 감정이 복받쳐 눈물을 흘리는 커피를 만들고 싶어요. 제가 커피에 관심이 생긴 때처럼 말이죠.

구쌤 바리스타로서 자부심과 사명감을 가질 수 없다면 이

일에 대해 다시 생각해야 합니다. 물론 감정에 기복이 있을 수 있습니다. 그럴 때면 신발 끈을 동여매고 다시 일어서야 합니다. 권위는 주변 사람들이 세워주지만, 사명감은 자신만이 가질 수 있습니다. 사명감이 없는 사람에게 권위는 생기지 않는다는 점을 명심해야 합니다.

정리 | 바리스타는 이름만큼 빛나는 직업이 아니다. 내가 빛나는 것이 아니라 사람들의 마음을 환하게 비춰주는 일이다. 하루를 시작하고, 나른한 오후를 깨우고, 고독한 밤의 친구가 되는 커피를 책임지는 직업이다. 사명감은 본인이 갖추고, 권위는 사람들이 세워주는 것임을 잊지 마라.

숙제 | 바리스타로서 받고 싶은 급여와 보상을 발표할 수 있도록 준비해 오세요.

36강

바리스타의
급여와 보상

[학습 목표]
바리스타의 급여는 얼마나 되고, 그 외 어떤 보상을 받을 수 있는지 이해한다.

구쌤 　카페 아르바이트와 1년 차 직원은 최저시급을 받습니다. 2016년 이후 임금이 많이 상승했다고 하나, 다른 직종에 비해 적은 것이 현실입니다.

연희 　요즘 아르바이트 구하기가 정말 어려워요. 바리스타가 직업인 분들에게 죄송한 얘기지만, 최근 몇 년간 최저시급이 많이 올라 자리가 별로 없어요. 전에 세 명이 하던 일을 지금은 두 명이 하다 보니 업무 강도가 높아졌고요.

구쌤 　저 역시 직원을 두고 있지만, 가능하면 월급을 많이 주고 싶습니다. 독립한 성인이 그 돈으로 생활을 유지하기는 어려우니까요. 카페는 계절과 날씨의 영향을 받기 때문에 매출 변화가 큰 편입니다. 인건비는 일단 올리면 내리기는 거의 불가능합니다. 고정비용이 되죠. 인건비가 카페를 운영하는 데 가장 큰 부분을 차지하고, 그다음이 임차료입니다. 그래서 사업이 잘 안 되면 가장 쉽게 비용을 줄일 방법이 사람을 덜 쓰는 겁니다.

연희 바리스타는 대부분 직원에 머무르지 않고 돈을 모으고 경험을 쌓은 뒤 자기 카페를 여는 게 목표잖아요. 저 역시 그중 한 명이고요.

구쌤 카페를 하면 돈을 많이 벌 것 같은데, 현실은 녹록지 않습니다. 본인이 투자하고 일하면서도 직원으로 있을 때보다 못 벌기도 합니다. 일주일에 하루도 쉬지 못하면서 최저시급도 안 되는 돈을 버는 셈이죠. 카페 창업에 신중해야 하는 이유입니다. 그런 상황이 되면 왜 바리스타에게 임금을 많이 주지 못하는지 이해가 됩니다. 물론 카페가 잘되는 경우 직원으로 있을 때보다 몇 배 많이 가져가기도 합니다.

연희 카페에서 직원으로 일하면 어떤 대우를 받나요?

구쌤 카페마다 다르지만, 매니저가 아닌 이상 최저시급부터 시작합니다. 식비를 주기도 하고요. 경력이 쌓이면 차량 유지비, 매니저 수당 등을 지급합니다. 본인 소유의 차량이 있는 경우 기본급을 올리지 않고 차량 유지비로 받는 게 유리합니다. 차량 유지비는 월 20만 원까지 비과세이기 때문입니다. 식비 10만 원도 비과세 항목입니다.

연희 기본급에 식비, 때에 따라 차량 유지비와 직급 수당을 받는다고 생각하면 되겠네요.

구쌤 5인 이상 사업장은 연차 수당을 지급하고, 휴가비나 명절 선물 등을 주는 곳도 있습니다. 그래도 다른 직종에 비해 많은 건 아니죠. 나이가 차고 경력이 쌓이면 나가려고 하는 이유가 여기 있습니다.

연희 급여 외에 어떤 보상이 있을까요?

구쌤 보상이라기보다 경험을 쌓는 게 아닐까요? 나중에 카페를 창업할 계획이라면 손님을 응대하는 법이나 음료를 잘 만드는 법, 계절의 변화에 따른 카페 운영 등을 경험할 수 있으니 도움이 되죠. 어쩌면 급여보다 큰 보상이 아닐까요? 물론 그런 것을 배울 수 있다는 전제 아래 말입니다.

연희 배울 게 없는 곳이라면 굳이 오래 근무할 필요가 없겠네요.

구쌤 그래서인지 바리스타는 근무 기간이 짧은 편입니다. 카페에서 단기 계약을 하기도 하고요. 바리스타만의 책임은 아니죠. 카페라는 업종의 특성상 많은 급여를 받을 수 없다면 경험을 쌓는 데 집중해야 합니다. 그렇지 않으면 인생 낭비죠.

연희 20대는 아르바이트 기회가 있는 편인데, 30대 중반만 넘어도 기회가 훨씬 줄어들잖아요. 이런 경우 어떻게 해야 하나요?

구쌤 카페 사장이 젊으면 자신보다 나이가 많은 사람은 채용하지 않을 겁니다. 불편하니까요. 저는 이력서 내용에서 진정성이 느껴지면 나이가 좀 있어도 만나보고 싶어요. 그러나 카페마다 근무 기간이 짧으면 나이와 상관없이 눈이 가지 않습니다. 나이가 좀 있어도 카페 근무 시 경력 관리를 잘한다면 이직할 때 도움이 됩니다.

연희 바리스타는 무엇을 보고 일해야 하나요? 급여가 많은 것도 아니고, 창업한다고 꼭 성공하는 것도 아닌데요.

구쌤 연희 님은 왜 바리스타가 되려고 했나요? 커피가 좋고 이 일을 하면 행복해서 아닌가요? 저 역시 그랬습니다. 안정된 직장이 있었지만, 하루하루가 무미건조하고 가슴이 뛰는 일이 아니었어요. 커피는 제 가슴을 뛰게 했죠. 바리스타가 그런 것 아닌가요? 창업한다고 모두 성공하는 업종은 없습니다. 실패하는 경우가 더 많아요. 어떤 사업이라도 예외가 없습니다. 지난 시간에 본인이 받고 싶은 급여와 그렇게 생각하는 이유에 대해서 숙제를 내드렸죠?

연희 이쪽 사정을 아니까 터무니없는 급여를 원하진 않습니다. 솔직히 일한 만큼이라도 월급이 꼬박꼬박 나왔으면 좋겠어요. 제 주변에 일하고 월급을 제대로 못 받는 친구들이 꽤 있거든요.

구쌤 나중에 카페 창업을 목표로 경험 쌓는 것을 중시하겠다는 얘기로 들리네요. 그렇죠?

연희 맞아요. 저처럼 바리스타가 되려는 사람들에게 당부하고 싶은 말씀이 있을까요?

구쌤 커피를 수단으로 할 생각이면 애초에 생각을 바꾸세요. 본인이 정말 커피가 좋고 맛있는 커피를 만들어 사람들에게 기쁨을 주겠다는 생각이면 도전하세요. 진정성 있는 커피는 고객이 먼저 알아봅니다.

정리 | 2016년 이래 최저시급이 급격히 인상됐지만, 바리스타의 임금은 여전히 많은 편이 아니다. 경력과 실력이 쌓이면 상대적으로 더 받기도 하나, 역시 한계가 있다. 급여 외에 본인의 목표와 부합하는 곳에서 일하는 게 중요하다. 바리스타는 커피를 정말 좋아하고 맛있는 커피로 사람들에게 기쁨을 주겠다는 마음이 있어야 오래 할 수 있다.

숙제 | 본인이 생각하는 카페 고객의 의미와 가치에 대해서 정리해 오세요.

37강

고객의 의미

[학 습 목 표]
카페에서 고객의 의미를 이해하고 설명할 수 있다.

구쌤 오늘은 6장 '고객 바로 알기' 첫 시간입니다. 지난 시간에 숙제를 내드렸죠? 연희 님이 생각하는 고객의 의미를 말해볼까요?

연희 제가 일하는 카페에 와서 값을 지불하고 음료를 즐기는 사람입니다. 제가 주문을 받고, 음료를 만들고, 서비스해야 하는 대상이기도 합니다.

구쌤 책에서 봤어요, 아니면 평소 고객에 대해 고민을 많이 하나요? 정말 대단하네요.

연희 저는 나중에 카페를 할 거라서 평소 고객에 대해 많이 생각해요. 어떻게 하면 사람의 마음을 얻고 잡을 수 있을까 고민합니다.

구쌤　각자 생각하는 고객의 의미가 다를 겁니다. 고객은 한 번 스쳐 지나가는 손님이거나, 카페의 존폐를 결정하는 단골이거나, 언제든 떠날 수 있는 사람이기도 합니다.

연희　저도 누군가에게 고객이잖아요. 손님일 때 보이던 것이 막상 제 일이 되니까 보이지 않더라고요. 잘 느낄 수도 없고요. 반복되는 업무에 지쳐서인지, 제가 진짜 모르는 건지 헷갈릴 때가 있어요.

구쌤　그 마음 충분히 이해합니다. 하루에 오는 고객 100명 가운데 5명에게 서운하게 했다면, 95%는 성공한 셈이죠. 수치상으로 대단한 성적인데, 이게 누적되면 카페는 몇 달 못 가서 문 닫을 겁니다.

연희　좋은 소문은 안 나고 나쁜 소문은 금세 퍼지기 때문이죠? 좋은 이야기는 안 해도 나쁜 이야기는 하고 싶은 게 인간의 자기방어 본능 아닌가요?

구쌤　그래서 모든 고객에게 정성을 다해야 합니다. 혹시 '직원의 월급은 사장이 아니라 고객이 주는 것이다'라는 말 들어봤어요?

연희　처음 들어요. 무슨 뜻이죠?

구쌤　이는 마치 부가가치세와 같습니다. 사업자는 소비자에게서 부가가치세가 포함된 돈을 받고 재화와 서비스를 제공하죠. 그것을 모아서 1년에 두 번 국가에 부가가치세를 냅니다. 마찬가지로 고객이 지불한 돈으로 비용을 제하고 직원에게 급여를 줍니다. 고객이 없으면 직원을 고용할 수도, 사업을 운영할 수도 없죠.

연희 앞으로 모든 고객이 작은 사장님이라 생각하고 잘해야겠네요.

구쌤 '고객의 두 발 중 한 발은 문밖에 있다'는 말이 무슨 뜻일까요? 고객은 언제라도 떠날 준비를 하고 있다는 거죠. 아무리 오랜 단골이라도 섭섭하게 하면 다시는 오지 않습니다. 저도 비슷한 경험이 있어요. 열흘에 한 번 원두를 사러 오는 고객과 사소한 말다툼을 했어요. 굳이 그럴 필요가 없는 일인데, 시비는 가려야 한다는 정의감에 무리수를 뒀죠. 그 뒤로 고객이 발걸음을 딱 끊더군요. 그때 깨달았어요. 아, 고객의 한 발은 항상 문밖에 있구나. 천하 일미를 내는 집이라도 마음이 상하면 가지 않잖아요. 맛이 조금 덜해도 나를 알아보고 정겹게 말해주는 곳으로 마음이 움직이죠.

연희 맞는 말씀이에요. 저도 자주 가던 카페가 있는데 지금은 가지 않아요. 커피에 관해 이야기하다가 직원이 저를 무시하는 듯 말하는 걸 들었어요. 조금 창피하고 기분도 상해서 발을 끊었어요. 아마 그 직원은 지금 일하지 않을 텐데, 여전히 그 카페에 마음이 안 가더라고요.

구쌤 요즘 같은 비대면 시대에는 단골이 어느 때보다 중요합니다. 사람들이 안전을 우선으로 생각하다 보니 익숙하고 집이나 직장과 가까운 곳에서 식음료를 해결하잖아요. 포장해서 가져가는 경우도 많고요. 홍대나 명동처럼 전통적인 상권이 아니라 집과 회사 근처 매장에서 약속을 잡고 음료를 사요. 이럴 때 단골을 잡아야 합니다. 새 고객을 단골로 만들어야죠. 카페도 결국 단골 장사입니다. 지금처럼 한 치 앞을 내다보기 힘든 상황에서 안정적인 매출이 없으면 살아남기 어려우니까요.

연희 장사가 잘되는 곳에 가면 제 존재감이 없어요. 무슨 대단한 대우를 받으려는 건 아니지만, 적어도 제가 그 자리에 있다는 건 알아줬으면 좋겠어요. 불러도 들은 척 만 척하면 다시 가고 싶은 마음이 들지 않습니다. 직원의 처지를 이해 못 하는 것도 아닌데 말이죠.

구쌤 그게 참 어렵습니다. 일을 해봐서 아시겠지만, 고객이 없을 때는 없어서 기운이 빠지고 많으면 바빠서 정신이 없잖아요. 고객에게 항상 잘하기는 어려워요. 일할 때는 늘 귀를 열고, 주변을 잘 살펴야 합니다. 소외된 고객이 없도록 온 신경을 집중해야죠. 우리가 고객일 때도 대단한 걸 바라는 게 아니잖아요. 제때 주문을 받고, 음료를 건네면서 미소 띤 표정으로 "맛있게 드세요" 한마디 하면 기분이 좋아요. 고객이 원하는 것을 아는 데서 머무르지 말고 순간순간 실천해야 합니다. 고객이 100명 가운데 5명에 들지 않도록 말이죠.

연희   선생님과 이야기하다 보니 마음이 경건해지고, 앞으로 고객에게 더 잘해야겠다는 생각이 듭니다. 마음가짐이 달라졌다고 할까요?

구쌤   고객에 대한 태도는 다음 시간에 본격적으로 이야기하죠. 우리가 어떤 태도를 견지해야 하는지 함께 고민해봐요.

정리 | 고객은 직원의 월급을 주는 사람이고, 언제라도 떠날 수 있는 사람이며, 사업의 흥망성쇠의 열쇠를 쥔 존재임을 잊지 말자. 어떤 고객이라도 소외감이 들지 않도록 정성을 다하고, 고객 한 명도 잃지 않겠다는 마음가짐으로 임하자.

숙제 | 카페에서 일할 때 고객에 대한 태도는 어때야 하는지 고민해 오세요.

38강

고객에 대한 태도

[학습 목표]
카페를 찾는 고객에게 평소 어떤 태도를 보여야 하는지 이해하고 설명할
수 있다.

구쌤 고객의 중요성은 더 언급하지 않아도 잘 아실 겁니
다. 친절해야 하는 건 물론이고요. 고객이 볼 때는 간이나 쓸
개 다 빼줄 듯하다가도 없을 때는 욕하는 분들을 보면 깜짝
놀랍니다. 없을 때는 임금님 욕도 한다는데 뭐가 문제냐 하겠
지만, 그렇지 않습니다.

연희 직원끼리 있을 때 흉볼 수도 있잖아요?

구쌤 연희 님이 없을 때 다른 직원들이 흉을 본다고 생각
하면 기분이 어떤가요? 더구나 고객을 대하는 태도는 고객이
없을 때가 중요합니다. 평소 그 고객에 대한 마음은 안 보일

때 나오는 법이니까요. 지난 시간에 말했듯이 직원 월급을 주는 사람은 사장이 아니라 고객입니다.

연희 전에 한 사장님이 월급을 받는 것은 사장과 고객에게 싫은 소리를 들은 대가이기도 하다고 했어요.

구쌤 그렇습니다. 우리도 다른 곳에서는 고객이죠. 우리가 돈 내고 물건을 사거나 서비스를 이용할 때 기대하는 것을 일할 때 제공하면 됩니다. 참 어렵지만 해야 하는 일이에요. 재화와 서비스의 차이가 크지 않다면 직원의 응대는 정말 중요한 요소입니다. 적어도 고객이 그 집에 가지 말아야겠다는 생각을 하지 않도록 해야죠.

연희 저도 카페에 갈 때 직원의 태도를 봐요. 물어봐도 잘 대꾸하지 않고 불친절하면 커피 맛이 덜한 것 같아요.

구쌤 고객이 질문했을 때 본인이 모르는 건 모른다고 하고, 아는 건 성심성의껏 대답해야 합니다. 여러 고객에게 같은 질문을 받다 보니 자기도 모르게 마음에 없는 태도를 보일 때가 있는데, 이런 부분을 주의해야 합니다. 불필요하게 친절한 태도 역시 좋지 않습니다. 불가근불가원不可近不可遠이란 말을 기억했으면 합니다.

연희 너무 가까이하지도 멀리하지도 말라는 뜻인가요?

구쌤 가까이하기도 멀리하기도 어렵다는 뜻입니다. 고객에게 친절히 대한다고 너무 가까워지면 실수하기 쉽습니다. 어느 순간 선을 넘게 되죠. 고객도 마찬가지로 선을 잘 지키는 게 좋습니다. 특히 불필요한 질문은 삼가야 합니다.

　연희　고객이 불필요한 질문을 할 때는 어떻게 해야 하나요? 남자 친구가 있냐, 어디 사느냐 등 답하고 싶지 않은 질문을 하는 분이 계신데요.

　구쌤　고객이 뜬금없이 그런 질문을 할 수도 있지만, 본인이 그런 틈을 만든 건 아닌지 돌아봐야 합니다. 그런 질문을 받으면 정중하게 말씀드리기 곤란하다고 얘기하고, 불필요한 마찰은 피하는 게 좋습니다. 고객의 클레임에 옳고 그름을 따지다 보면 충돌할 수밖에 없는 때가 있어요. 클레임을 접수하고 본인이 해결할 범위에서 벗어나는 건이면 매니저나 사장에게 얘기하는 게 좋습니다.

　연희　잘잘못을 따지기 전에 본인이 해결할 수 있는지 아닌지 생각해보라는 말씀이죠? 클레임을 회피하는 것과 다른 듯한데요.

　구쌤　그렇습니다. 회피와 다른 의미입니다. 우선 고객이 무슨 건으로 어떤 불만이 있는지 접수한 뒤에 보고하고, 당장 해결할 수 있는 문제가 아니면 기다려달라고 정중하게 요청합니다. 고객은 자기 얘기를 직원이 잘 들어주는 것만으로 어느 정도 화가 풀리기도 하니까요.

　연희　어찌 보면 커피를 추출하는 것보다 고객을 대하는 게 정말 어려워요.

　구쌤　카페가 서비스업이기 때문입니다. 나의 작은 친절이 고객에게 큰 기쁨이 될 수도 있고, 삶에 어떤 영향을 끼치기도 합니다. 아침에 기분 나쁜 일이 있었는데, 카페에서 맛있는 커피와 친절한 서비스를 받은 뒤 화가 풀리고 오후 일이 잘될 수도 있으니까요.

연희 말하지 않아도 감정이 전달되잖아요. 저는 표정 관리가 잘 안 돼요. 어떻게 하면 좋을까요?

구쌤 어려운 일이죠. 저도 좋은 인상이 아니라 딱히 뭐라할 말은 없는데, 저는 항상 웃으려고 노력해요. 날마다 세안한 뒤에 거울을 보고 열 번씩 웃습니다. 처음에는 그렇게 어색할 수 없었는데, 날이 지날수록 자연스러운 웃음으로 변하더라고요. 연희 님도 당장 해보세요. 3주만 하면 변화가 있을겁니다.

연희 그렇지 않아도 웃는 표정을 갖고 싶었는데, 오늘부터 연습해야겠어요.

구쌤 마지막으로 인사를 잘해야 합니다. 고객이 들어올 때만 인사하는 경우가 대부분인데, 커피를 갖고 나갈 때도 인사하는 게 좋습니다. 고객이 대답하지 않아도 개의치 말고 큰소리로 "안녕히 가세요"라고 해보세요. 고객이 들어올 때와 나갈 때 무조건 인사하는 습관을 길러야 합니다.

연희 저도 고객이 나갈 때 인사하려고 노력하는데, 가끔인사를 받아주면 기분이 좋아요. 그래서 제가 고객일 때는 꼭인사를 받아요.

구 쌤　저는 지금도 동네에서 고객을 보면 꼭 인사합니다. 카페에 오지 않는 분이라도 안면이 있으면 인사하고요. 언젠가 제 고객이 될 수도 있고, 그렇지 않더라도 인사성 바른 사람이라고 소문날 테니까요. 작은 것부터 실천하다 보면 친절이 어느새 몸에 뱁니다.

정리 | 고객을 대하는 태도는 진정성에서 출발한다. 보이지 않는 데서도 항상 감사하고, 절대 험담하지 말자. 고객과는 불가근불가원의 관계를 유지하는 게 좋다. 불필요한 마찰은 애초부터 피해야 한다. 말하지 않아도 감정이 전달되니 항상 웃는 얼굴을 하자. 인사성 밝은 사람이 되도록 노력해야 한다.

숙제 | 고객에 대한 친절의 범위와 한계를 본인의 경험을 바탕으로 생각해 오세요.

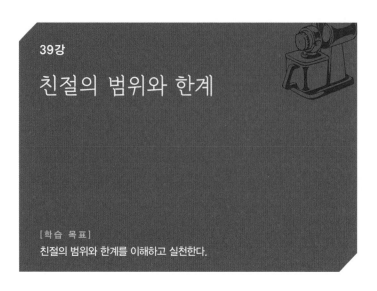

구쌤　이번 시간에는 카페에서 고객에 대한 친절의 범위와 한계에 관해 알아보겠습니다. 친절의 범위나 한계는 어떻게 정해야 할까요? 먼저 연희 님의 경험담이나 생각을 이야기해 보세요.

연희　카페에서 아르바이트할 때 실수한 적이 있어요. 커피 리필이 안 되는 곳이었는데, 고객이 리필을 요청하셔서 안 된다고 했어요. 왜 여기는 리필이 안 되냐며 하도 따져서 어쩔 수 없이 아메리카노 한 잔을 리필해드렸는데, 그 고객이 제가 없을 때 다시 와서 리필을 요구한 모양이에요. 다른 직원이

안 되다고 하니까, 지난번에는 됐는데 왜 안 되냐며 화를 낸 거죠. 그 일로 사장님께 혼났어요.

구쌤 좋은 의도로 한 행동이 결국 문제를 일으켰네요. 원칙에서 벗어난 친절은 꼭 문제가 됩니다. 카페마다 나름대로 규칙이 있습니다. 아메리카노를 리필해주는 곳과 그렇지 않은 곳이 있죠. 종이컵을 제공하는 곳과 그렇지 않은 곳도 있습니다. 반려동물 출입이 가능한 곳과 그렇지 않은 곳이 있고요. 리필 이야기는 했으니 종이컵 이야기부터 해볼까요. 연희 님이 전에 일하던 카페에서는 고객이 종이컵을 달라고 하면 제공했나요?

연희 제공하는 대신 '1인 1메뉴'라는 원칙이 있었습니다. 그 때문에 문제가 많았어요. 한번은 세 분이 와서 한 분은 커피를 마셨다며 두 잔만 주문했어요. 안 된다고 하니까 커피를 마셨으니 잠깐 앉았다 가신대요. 다른 음료라도 주문하셔야 한다니까 조금 화를 내서서 더 말하지 못했죠. 잠시 후 커피를 내는데, 커피를 주문하지 않은 고객이 종이컵을 달라고 했어요. 어쩔 수 없이 드렸더니 거기에 다른 분 커피를 따라 마시는 거예요. 그 일로 사장님께 꾸중을 들었죠.

구쌤 참 난감한 상황이네요. 특히 커피값이 저렴한 카페에서 1인 1메뉴를 원칙으로 하거나 종이컵을 제공하지 않는 경우가 있죠. 그런데도 고객이 종이컵을 요구하면 거절하기 무척 어렵습니다. 그렇다고 제공하면 다른 고객과 형평성의 문제가 발생하고 나중에 사장한테 꾸지람을 들으니 직원은 이럴 수도, 저럴 수도 없는 상황입니다. 이 경우 종이컵을 제공하는 것은 친절이 아니라 상황을 모면하기 위한 임시방편에 지나지 않습니다.

연희 그럼 어떻게 해요? 고객이 자꾸 요구하는데 방법이 없잖아요.

구쌤 사장님이 제공하지 말라고 해서 어쩔 수 없다고 말하고, 종이컵을 제공하지 않는 이유를 설명해야 합니다. 설명하지 않고 안 된다고 하면 불친절이고, 안 되는 이유를 설명하는 건 친절입니다. 제 사례를 들어볼게요. 간혹 할머니 두 분이 오셔서 한 잔을 주문하고 종이컵을 달라고 합니다. 저는 안 되는 이유를 설명하고 웃으면서 한 잔을 더 드립니다. 그 뒤로 할머니들도 취지를 이해하고 종이컵을 달라는 말씀을 안 합니다.

연희 현명한 대처네요. 알바가 그렇게 하긴 어렵지만요.

구쌤 물론 직원은 무료로 커피 한 잔을 드릴 수 없을 겁니다. 평소 사장은 직원에게 이런 경우 차라리 커피 한 잔을 드리라고 지시해야 합니다. 그렇지 않으면 직원은 절대 이런 행동을 할 수 없습니다.

연희 사장님이 그렇게 지시했다면 저도 마음이 편했을 것 같아요. 그런 사장님이 거의 없다는 게 문제죠.

구쌤 맞아요, 이는 사장의 의지와 실천이 중요한 부분입니다. 이제 과도한 친절에 관해 알아볼게요. 어떤 곳은 고객이 불편해할 정도로 친절하기도 합니다. 남성 직원이나 사장이 여성 고객한테 친절이 과하면 불편할 수 있습니다. 과도한 친절은 불친절과 크게 다르지 않습니다. 고객의 마음을 편하게 해주는 것이 친절임을 잊지 마세요. 사례를 들어볼게요. 남성 직원이 여성 고객에게 "손님, 향수 뭐 쓰세요? 오늘 향이 좋네요"라고 얘기했어요. 나중에 그 고객이 사장한테 지난번 얘기를 하면서 불쾌했다고 클레임을 걸었어요. 남성 직원에게 왜 그렇게 얘기했냐고 하니까 손님이 좋아할 줄 알았다는 거예요. 그 고객은 이후 그 직원이 근무하면 카페에 오지 않았다고 합니다.

　연희　과도한 친절이 부른 참사네요.

　구쌤　한번은 이런 일도 있었어요. 여성 직원이 여성 고객한테 "오늘 머리 잘 어울리시네요"라고 했어요. 그 고객은 최근에 머리를 했는데, 마음에 안 들어서 머리 얘기만 하면 짜증 나는 상황이었죠. 나중에 사장한테 직원 교육 제대로 안 하냐고 따지고 말도 아니었어요. 지난 시간에 이야기한 불가근불가원을 꼭 기억해야 합니다.

　연희　정말 어려워요.

　구쌤　우리도 다른 곳에서는 고객이잖아요. 연희 님이 그런 상황이라면 어땠을까 고객 입장에서 한번 생각해봐요. 그냥 웃어넘겼을까요, 똑같이 화냈을까요? 고객도 직원이 나쁜 의도로 한 말이 아니라면 성급하게 문제 삼지 말아야 합니다. 괜히 별것 아닌 일을 크게 만들어 서로 피해를 보기도 하잖아요. 우리부터 고객으로서 예의 있게 행동하고, 직원이 실수하더라도 큰 문제가 아니면 너그러이 넘기는 아량을 베푸는 게 어떨까 생각합니다.

정리 | 원칙에서 벗어난 친절은 항상 문제가 된다는 점을 잊지 말고, 카페가 처한 상황과 정한 기준 내에서 친절해야 한다. 과도한 친절은 오히려 불친절임을 인지하고, 고객과는 언제나 일정 거리를 둬야 함을 명심한다. 우리도 다른 데서는 고객이므로, 직원의 작은 실수에 아량을 베풀면 좋겠다.

숙제 | 고객과 감정 문제가 있었다면 그 상황을 어떻게 해결했는지 정리해 오세요.

40강

고객 클레임의 유형

[학습 목표]
카페에서 직원과 고객 사이에 어떤 감정 문제가 발생하는지, 그 결과 카페와 직원 그리고 고객 사이에 어떤 문제를 초래할 수 있는지 이해한다.

구쌤　카페에서 일하다 보면 크든 작든 고객의 클레임을 받을 수밖에 없습니다. 별것 아니라고 대수롭지 않게 여기고 넘기면 나중에 걷잡을 수 없이 큰 문제가 되기도 하죠. 고객이 클레임을 제기하면 직원은 반드시 매니저나 사장에게 보고해야 합니다.

연희　저도 클레임이라고 생각 못 하고 보고하지 않아서 나중에 사장님한테 혼난 적이 있어요. 별것 아니라고 생각했는데 정말 중요한 일이더라고요.

구쌤　어떤 일이었나요?

연희 고객이 원두가 바뀌었냐고 묻기에 아니라고 했죠. 나중에 알고 보니 포터 필터 바스켓에 실금이 가서 추출 속도가 빨라졌고, 커피 맛이 달라진 거예요. 저는 그것도 모르고 계속 추출해서 다른 고객에게 제공했죠.

구쌤 어떤 의미에서 클레임이라기보다 커피 맛이 이상하니 점검해보라는 조언이네요. 이번 시간에는 클레임의 유형과 왜 클레임이 발생하는지 알아보고, 다음 시간에는 해결 방법을 논의합시다. 카페에서는 식음료, 위생, 서비스, 반려동물, 아이와 관련된 클레임 등이 발생합니다.

연희 요즘은 카페에 반려동물을 많이 데려오는데, 어떻게 해야 할지 모르겠어요.

구쌤 그럼 반려동물 관련 클레임부터 얘기해봅시다. 몇 해 전부터 애견·애묘 카페가 등장하는데, 이런 곳은 아무 문제가 없을까요? 오히려 반려동물과 관련해 더 많은 문제가 발생합니다. 일부 고객은 클레임 내용을 인터넷 동호회 사이트에 올려 영업에 타격을 주기도 하니 카페로서는 보통 문제가 아닙니다. 제가 경험한 사례를 들어볼게요. 어느 날 고객이 반려견을 데리고 카페에 왔어요. 개가 카페 안으로 들어오지는 않았는데, 개한테 주겠다며 물을 달라고 했죠. 직원은 바쁜 나머지 응대하지 못했고, 고객이 물통을 들고 밖에 나가 개한테 물을 줬어요. 그 모습을 본 직원이 깜짝 놀라 고객과 실랑이했고, 문제가 됐어요. 직원과 고객의 소통 부재가 낳은 안타까운 사건이죠.

연희 직원이 무척 황당했겠어요. 고객이 반려견 생각만 해서 조금 성급했던 것 같고요.

구쌤 식음료에 대한 클레임은 맛과 양, 온도 등에서 발생합니다. 커피가 단순한 것 같지만 카페를 찾는 고객은 작은 변화도 금세 알아차립니다. 고객의 입맛이 정말 예민하거든요. 음료 양이 적은 경우에도 문제가 발생합니다. 평소 나가는 양보다 적으면 화내는 고객도 있습니다. 식음료의 온도 관련 클레임은 대개 겨울에 발생합니다. 특히 카페라테에 민감하죠. 무조건 뜨겁게 해달라고 요구하는 분들이 꽤 있습니다. 맛을 생각하면 스티밍 시 우유의 온도를 신경 써야 하지만, 고객의 클레임을 유발할 수 있습니다.

연희 고객마다 취향이 다르니까요.

구쌤 음료를 제공하는 입장에서 가장 관심을 기울여야 하는 부분이 위생입니다. 덥고 습한 여름에는 더욱 그렇습니다. 유통기한도 매일 확인해야죠. 고객이 위생 문제로 클레임을 제기하는 경우는 대개 화장실이 깨끗하지 못할 때입니다. 직접 말하지 않아도 불쾌한 경험을 했다면 다시 방문하지 않을 겁니다. 특히 여성 고객은 화장실 위생을 무엇보다 중요하게 생각하니 명심해야 합니다.

연희 제가 카페에서 일하며 가장 힘들었던 점은 엄마들과 함께 온 아이들입니다. 아이들이 뛰어다니고 이것저것 만지는데, 제지할라치면 아이 엄마가 도끼눈으로 쳐다보거든요. 정말 무서웠어요.

구쌤 가만히 두면 아이들이 다치거나 카페 물건이 손상될 수도 있으니 참 어려운 문제죠. 반려동물 이상으로 어려운 부분입니다. 아이가 뛰다가 넘어지기라도 하면 바닥이 미끄러워서 넘어졌다고 문제 삼는 부모도 있으니까요.

연희 제가 전에 카페에서 일할 때 아이가 뛰어다니다가 테이블 모서리에 부딪혀 이마가 살짝 까졌어요. 아이 엄마가 왜 테이블 모서리마다 안전 캡을 붙이지 않았냐고 화를 내더라고요. 다행히 사장님께서 죄송하다고 사과하고 넘어갔어요. 키즈카페도 아닌데 심하다 싶었어요.

구쌤 다음은 우리가 흔히 겪는 서비스에 관한 클레임입니다. 고객이 카페에서 서비스에 클레임을 제기하는 경우는 불친절과 추가적인 음료 서비스 등이에요. 예전에는 안 그랬는데 장사가 좀 되니까 사람이 변했다거나, 전에는 음료 서비스가 좋았는데 요즘은 야박하다는 등 개인적인 느낌으로 클레임을 제기하는 경우입니다. 저 역시 그런 메일을 받은 적이 있어요. 카페에 관심이 있으니 클레임도 건다고 생각해서 불편한 점이 있었다면 죄송하다고 답장을 했습니다.

연희 수업을 들을수록 '카페는 잘하기 정말 어렵구나' 하는 생각이 들어요.

구쌤 사람들이 카페를 쉽게 생각하고 덤비는데, 자칫하다가 큰코다치는 업종이 카페입니다. 본인이 정말 커피를 좋아하고 고객에게 커피로 기쁨을 주겠다는 마음이 없다면 창업 생각을 접는 게 돈과 시간을 아끼는 길입니다. 이런 마음이 있어야 고객의 클레임을 해결할 의지도 생기고, 잘못된 점은 고치려고 할 테니까요.

정리 | 고객이 카페에서 클레임을 제기하는 경우는 크게 식음료, 위생, 서비스, 반려동물, 아이 문제다. 클레임 발생 시 개인적인 감정은 최대한 자제하고, 문제의 원인이 무엇인지 생각한 뒤 고객과 카페 모두 감정이 상하지 않으면서 해결 가능한 방법을 강구해야 한다.

숙제 | 과거 본인이 고객에게 어떤 클레임을 받았으며, 이를 어떻게 해결했는지 정리해오세요.

클레임 해결 방법

[학 습 목 표]
카페에서 고객이 클레임을 제기할 때 어떻게 대처하고 해결해야 하는지
이해하고 실천할 수 있다.

구쌤   오늘은 클레임 해결 방법을 알아봅시다. 지난 시간에 언급한 반려견 클레임에 대해 짚고 넘어갈게요. 무더운 여름에 반려견이 목말라 하니 주인은 어떻게든 빨리 물을 먹이고 싶었을 거예요. 카페 직원은 바쁜 나머지 고객의 요청을 듣지 못했고요. 먼저 물통을 밖으로 가져간 것은 고객의 잘못이에요. 아무리 깨끗이 쓴다고 해도 다른 사람들이 보면 눈살을 찌푸릴 일이니까요. 직원이 종이컵에 물을 줬으면 쉽게 해결될 문제인데 안타깝죠.

연희   이 클레임은 온전히 직원의 잘못인가요?

구쌤 직원이 알고도 주지 않은 것은 아니니 꼭 그렇게 볼 순 없어요. 아무리 바빠도 고객이 무엇을 원하는지 귀 기울여야 한다는 걸 보여주는 사례입니다. 일이 벌어진 뒤 직원의 대응이 중요해요. 고객과 실랑이할 게 아니라 물통을 받아서 깨끗이 씻으면 될 일이죠. 고객에게 잘못을 따져도 들을 상황이 아니었으니까요. 벌어진 일을 되돌릴 수 없다면 화내기보다 깔끔하게 뒤처리하는 게 낫죠.

연희 그러면 되겠네요. 막상 그런 상황에 처했다면 유연하게 대처할 수 있었을지 자신이 없지만요.

구쌤 이번에는 식음료 관련 클레임 해결 방법에 대해 알아볼까요? 이미 나간 음료의 온도가 낮아 클레임이 들어온 경우, 두 가지 해결 방법이 있습니다. 죄송하다고 사과하고 다음에 더 잘해드리겠다고 말하는 것, 음료를 다시 만들어 제공하는 것입니다. 저는 후자가 맞는다고 봅니다. 아깝다고 생각하지 말고 다시 만들어드리는 게 단골을 만들고 단골을 잃지 않는 방법입니다.

연희 저는 음료를 3분의 1쯤 드시고 클레임을 제기한 분이 계셨어요. 정말 어떻게 해야 할지 막막하더라고요.

구쌤 그래서 어떻게 처리했나요?

연희 매니저님이 새로 만들어드리라고 해서 그렇게 했어요. 저 혼자 있었다면 이러지도 저러지도 못하고 발만 동동 굴렀을 거예요.

구쌤 매니저가 지혜롭게 처리했다고 봅니다. 흔히 '진상' 고객이라고 치부할 수도 있겠지만, 그 고객은 클레임을 제기하기 전에 맛이 정말 평소와 다른가 고민했을 수도 있으니까요. 위생 문제 클레임은 음료에 머리카락이 빠진 것부터 음료가 상했다는 것까지 범위가 아주 넓습니다. 한번은 고객이 신맛 나는 커피를 한 모금 마시고는 상한 거 아니냐며 바꿔달라는 거예요. 커피에 대한 이해가 부족했던 모양이에요. 이 문제는 어떻게 처리해야 할까요?

연희 위생 문제나 직원 잘못이 아닌 것 같은데요.

구쌤 맞아요. 하지만 주문받을 때 커피에 대해 충분히 설명하지 않은 잘못이 있어요. 비록 위생에 관한 클레임은 아니지만, 고객은 그렇게 생각할 수 있죠. 이 경우 기분 좋게 다른 커피로 바꿔드리면 카페 이미지를 제고할 수 있어요.

연희 선생님 말씀을 듣다 보면 고객이 제기하는 클레임은 다 받아들이라는 것 같아요.

구쌤 카페에서 일해보니 전체 고객 중 클레임을 제기하는 분이 얼마나 되나요?

연희 글쎄요, 하루에 한두 명 아닐까요?

구쌤 바로 그거예요. 얼마든지 감당할 수 있는 수준이죠. 고객 한 명을 단골로 만들기가 얼마나 어려운 일인지 알면 이해가 될 거예요. 해결하더라도 서로 기분이 나쁘지 않게 하는 지혜가 필요합니다. 그렇지 않으면 오히려 고객이 더 기분 나쁠 수도 있어요. 이게 서비스입니다. 기분 나빠서 그냥 해준다는 식으로 하면 안 됩니다. 진정성이 느껴지는 서비스가 아니면 하지 않는 게 낫습니다.

　연희　저는 커피 만들기보다 고객에게 서비스하기가 어려워요. 아무 생각 없이 바에서 커피만 만들면 어떨까도 생각했어요. 셰프처럼요.

　구쌤　연희 님은 나중에 본인의 카페를 하고 싶다고 하지 않았나요? 전에 말했듯이 모든 것이 자동화된 세상에서는 카페도 무인으로 운영하고, 사람이 설 자리가 없어지겠죠. 자동화된 무인 카페를 선호하는 사람이 있는가 하면, 섬세하고 따뜻한 응대를 원하는 고객도 있을 겁니다. 우리의 경쟁력은 결국 서비스가 아닐까 싶어요.

　연희　서비스는 지금부터 고민해야 할 문제네요.

　구쌤　마지막으로 아이 때문에 발생하는 클레임이 있어요. 카페 규모가 어느 정도 되면 배상책임보험에 가입하는 게 좋습니다. 아이들이 카페에서 넘어져 다치거나 뜨거운 음료에 화상을 당하면 보상받을 수 있죠. 조금 마음 편하게 영업할 수 있는 장치를 마련하라는 말입니다. 아이 관련 사고나 클레임이 발생하면 책임 소재를 따지기 전에 아이의 상태를 체크하고, 그에 따른 조치를 하는 게 중요합니다. 모든 것이 기분 문제인데, 아이와 관련된 일은 더욱 그렇습니다.

　연희　카페도 클레임 발생 시 적절히 대응할 수 있는 메뉴

얼이 필요하겠어요.

구쌤 주먹구구식으로 하기보다 유형별 대처 요령에 대해 직원 교육을 하면 도움이 되죠. 직원들도 우왕좌왕하지 않고 차분하게 대응할 수 있고요. 무엇보다 내가 고객이라면 이런 문제가 발생했을 때 어떤 것을 기대할까 생각해야 합니다.

정리 | 클레임이 발생하면 책임 소재를 따지기 전에 문제를 원만히 해결할 방법을 생각해야 한다. 서비스는 기분 좋게 하는 것이지, 단순히 뭔가를 제공하는 것으로 끝나면 안 된다. 해주고도 좋은 소리를 못 들을 수 있는 게 서비스다. 이 상황에서 내가 고객이라면 어떤 것을 기대할까 생각하면 해결책은 생각보다 어렵지 않다.

숙제 | 카페에 적용되는 식품위생법 조항을 한 번 읽고 오세요.

주요 식품위생법 알기
(공통 사항과 휴게 음식점 관련)

1. 식품위생법의 목적

식품위생법 1장 1조에 따르면 식품위생법은 식품으로 인하여 생기는 위생상의 위해危害를 방지하고 식품 영양의 질적 향상을 도모하며 식품에 관한 올바른 정보를 제공하여 국민 보건의 증진에 이바지함을 목적으로 합니다.

2. 휴게 음식점 영업 신고증 발급 시 필요 서류 등

식품위생법 97조(벌칙) 5호에 따르면 신고해야 하는 업종을 신고하지 않고 영업을 하는 경우 3년 이하의 징역 또는 3000만 원 이하의 벌금이 부과됩니다.

1) 관할 : 주소지 시·군·구청 위생과

2) 필요 서류 : 식품 영업 신고서, 신분증, 위생 교육 수료증, 건강 진단 결과서, 상가 임대차계약서, 수질 검사 성적서(지하수 사용 시), 액화석유가스 사용 시설 완성 검사 필증(LPG 사용 시), 재난 배상책임보험 증권(1층이면서 면적이 100m² 이상인 경우), 대리인 신고 시에는 위임장·위임인의 인감증명서와 대리인 신분증을 지

참해야 합니다.

3) 소요 시간과 수수료 : 당일 3시간 이내, 증지 2만 8000원.

4) 등록 면허세 : 영업 신고증 발급 후 업종별·면적별로 차등 부과되며, 매년 납부해야 합니다. 서울에서 휴게 음식점(300m² 미만)을 내는 경우 2만 7000원.

3. 건강진단 결과서(보건증) 위반 시 처벌

식품위생법 시행령 67조(과태료의 부과 기준) [별표 2]에 따르면 영업자가 1차로 건강진단을 받지 않으면 식품위생법 101조 2항 1호에 의거 과태료 20만 원이 부과되고, 종업원의 경우 과태료 10만 원이 부과됩니다. 건강진단을 받지 않은 종업원을 영업에 종사시킨 영업자는 1차 위반 시 식품위생법 101조 2항 1호에 의거 상시 근무하는 종업원 수에 따라 20만~50만 원의 과태료가 부과됩니다.

4. 건강진단서 항목과 관련법

식품위생법 40조(건강진단) 1항에 따르면 영업자와 그 종업원은 건강진단을 받아야 합니다. 건강진단을 받은 결과 타인에게 위해를 끼칠 우려가 있는 질병이 있으면 식품위생법 40조 2항에 의거 그 영업에 종사하지 못합니다.

1) 진단 항목 : 폐결핵, 장티푸스, 전염성 피부 질환.

2) 진단 방법 : 엑스레이, 대변검사.

3) 유효기간 : 검사를 받은 날부터 1년.

4) 비용 : 보건소 검사 시 3000원.

5. 썩거나 상한 음식물 판매 시 처벌

식품위생법 4조 1호에 따르면 썩거나 상하거나 설익어서 인체의 건강을 해칠 우려가 있는 식품을 판매하면 안 됩니다. 식품위생법 시행규칙 [별표 23] 행정처분 기준(89조 관련)에 따르면 식품 접객업 영업자가 해당 제품을 팔거나 보관하다가 1차 적발되면 식품위생법 72조와 75조에 의거 영업정지 15일의 행정처분을 받으며, 해당 음식물은 즉시 폐기해야 합니다.

6. 유통기한 위반 시 처벌

식품위생법 44조 1항 3호에 의하면 영업자 등의 준수 사항으로 유통기한이 경과된 제품·식품 또는 원재료를 조리 판매의 목적으로 소분, 운반, 진열, 보관하거나 이를 판매 또는 식품의 제조 가공에 사용하지 말아야 합니다. 식품위생법 시행규칙 [별표 23] 행정처분 기준(89조 관련)에 따르면 식품 접객업 영업자가 유통기한이 경과된 제품·식품 또는 그 원재료를 조리·판매의 목적으로 운반·진열·보관한 경우 식품위생법 71조와 75조에 의거 1차 위반 시 영업정지 15일, 유통기한이 경과된 제품·식품 또는 그 원재료를 판매 또는 식품의 조리에 사용한 경우 식품위생법 71조와 75조에 의거 1차 위반 시 영업정지 30일의 행정처분을 받습니다.

7. 휴게 음식점에서 주류 판매나 음주 허용 시 처벌

식품위생법 시행규칙 57조 [별표 17]과 89조 [별표 23]에 따르면 휴게 음식점 영업자가 손님에게 음주를 허용하는 행위를 하면 안 됩니다. 이를 1차 위반하는 경우 식품위생법 71조와 75조에 의거 영업정지 15일의 행정처분을 받습니다.

8. 손님을 꾀어서 끌어들이는 행위 시 처벌

식품위생법 44조 1항 7호에 따르면 손님을 꾀어서 끌어들이는 행위를 하지 말아야 합니다. 식품위생법 시행령 [별표 2] 과태료의 부과 기준(67조 관련)에 따르면 영업자가 지켜야 할 사항 중 총리령으로 정하는 경미한 사항을 지키지 않은 경우에는 식품위생법 101조 3항 2호에 의거 위반 시 과태료 300만 원이 부과됩니다.

9. 청소년을 유흥 접객원으로 고용해 유흥 행위 시 처벌

식품위생법 44조 2항 1호에 따르면 청소년을 유흥 접객원으로 고용해 유흥 행위를 하면 안 됩니다. 식품위생법 시행규칙 [별표 23] 행정처분 기준(89조 관련)에 따르면 이를 1차 위반하는 경우 식품위생법 75조에 의거 영업허가가 취소되거나 영업장이 폐쇄됩니다.

10. 청소년 출입·고용 금지 업소에 청소년을 출입시키거나 고용 시 처벌

식품위생법 44조 2항 2호에 의하면 청소년 유해 업소에 청소년을 출입시키거나 고용하는 행위를 하면 안 됩니다. 식품위생법 시행규칙 [별표 23] 행정처분 기준(89조 관련)에 따르면 이를 1차 위반하는 경우 식품위생법 75조에 의거 청소년을 출입시키면 영업정지 1개월, 청소년을 고용하면 영업정지 3개월의 행정처분을 받습니다.

11. 청소년에게 주류 제공 시 처벌

식품위생법 44조 2항 4호에 의하면 청소년에게 주류를 제공하는 행위(출입하여 주류를 제공한 경우 포함)를 하면 안 됩니다. 식품위생법 시행규칙 [별표 23] 행정처분 기준(89조 관련)에 따르면 이를 1차 위반하는 경우 식품위생법 75조에 의거 영업정지 2개월의 행정처분을 받습니다.

12. 기존·신규 영업자 위생 교육 위반 시 처벌

식품위생법 41조(식품위생 교육) 1항에 의하면 영업자와 유흥 종사자를 둘 수 있는 식품 접객업 영업자의 종업원은 매년 식품위생에 관한 교육(이하 '식품위생 교육'이라 한다)을 받아야 합니다. 2항에 의하면 영업을 하려는 자는 미리 식품위생 교육을 받아야 하며, 다만 부득이한 사유로 미리 식품위생 교육을 받을 수 없는 경우에는 영업을 시작한 뒤에 식품의약품안전처장이 정하는 바에 따라 식품위생 교육을 받을 수 있다고 명시하고 있습니다. 식품위생법 시행령 [별표 2] 과태료의 부과 기준(67조 관련)에 따르면 이를 위반하는 경우 식품위생법 101조 2항 1호에 의거 과태료 20만 원이 부과됩니다.

13. 영업정지 등의 처분에 갈음하여 부과하는 과징금 산정 기준

식품위생법 시행령 [별표 1]에 따르면 영업정지 등의 처분을 과징금으로 갈음할 수도 있다고 명시하고 있습니다.

1) 영업정지 1개월은 30일에 해당하며 매출은 전년도 1년간 총 매출 금액을 기준으로 합니다. 신규 사업 등으로 1년간의 총 매출 금액을 산출할 수 없는 경우에는 분기별·월별·일별 매출 금액을 기

준으로 연간 총 매출 금액을 환산하여 산출합니다.

2) 1년간의 총 매출 금액 기준 과징금 산정 금액이 10억 원을 초과하는 경우 최대 10억 원으로 합니다.

3) 과징금 기준(식품과 식품첨가물 제조업·가공업 외의 영업)

- 연간 매출액 : 2000만 원 이하부터 100억 원 초과까지

- 영업정지 1일에 해당하는 과징금 : 5만 원부터 367만 원까지

- 예를 들어 지난 1년간 연간 매출액이 2억 원이고 영업정지 1개월을 받은 경우, 해당 매출액의 1일 과징금은 23만 원이므로 690만 원(30일)의 과징금으로 갈음하고 영업을 계속할 수도 있습니다.

식품위생법 법령 유권해석 Q&A Top 10

1. **식품 품목 제조 보고 시 정제수를 포함해야 하나요?**

   품목 제조 보고 시 원재료명 또는 성분명은 모든 원료가 투입되는 시점을 기준으로 실제 사용하는 모든 원재료를 작성해야 합니다.

2. **식품 영업자는 교육 수료증을 보관해야 하나요?**

   식품위생법에서 영업자의 위생 교육 수료증 보관 의무를 별도로 규정하지 않아 보관하지 않아도 무방하며, 위생 교육 수료 여부 확인은 필요한 경우 교육기관에서 가능합니다.

3. **식품 접객업용 보건증 소지자가 학교급식에 종사할 때 검사를 다시 받아야 하나요?**

   건강진단 결과서의 종류를 정하지 않으며, 식품위생법에서 정한 검진 항목이 포함된다면 학교의 집단 급식소에서 종사할 수 있습니다.

4. **즉석 판매 제조·가공업 영업 범위에서 B2C 거래가 가능한가요?**

   즉석 판매 제조·가공업자가 식품을 온라인 플랫폼(중개사)을 통해 주문 받은 제품을 직접 택배 등의 방법으로 배달하는 것은 가능하며, 중개사에서 해당 제품을 구매한 뒤 보관·판매·배송하는 것은 가능하지 않습니다.

5. 자가 품질 검사 주기가 도래한 날 제품 생산이 없는 경우 어떻게 하나요?

검사 주기에 따라 자가 품질 검사 일자가 도래한 날 이후 최초로 생산된 제품에 대해 자가 품질 검사를 할 수 있습니다.

6. 빵에서 검은 탄화물이 발견되면 이물에 해당하나요?

식품 등의 위생적 취급 기준 등 제반 규정에 적합하게 관리했는데도 정상적인 식품 제조 과정에서 유래한 탄화물이 잔존하는 경우, 그 양이 적고 인체의 건강을 해할 우려가 없는 정도라면 이물에 해당하지 않습니다.

7. 식품 영업에 종사하는 종업원도 위생 교육을 받아야 하나요?

식품위생법에 따른 교육 대상 종업원은 유흥 주점 영업의 유흥 종사자만 해당하며, 다른 영업의 종업원에 대해서는 교육의무를 부과하지 않습니다.

8. 일반 마트에서 냉장 보관 제품을 실온으로 진열할 경우 어떤 처분을 받나요?

누구든지 판매를 목적으로 식품을 채취·제조·가공·사용·조리·저장·소분·운반 또는 진열할 때는 깨끗하고 위생적으로 해야 하며, 이를 어길 겨우 과태료 100만 원 처분을 받을 수 있습니다.

9. 음식점에서 냉장 보관 제품을 실온에 보관하는 경우 어떤 처분을 받나요?

음식점에서 식품 조리 시 사용되는 냉장 제품을 실온에서 보관하면 1차 시정 명령 처분을 받을 수 있습니다.

10. HACCP 업체에서 옥수수를 원료로 사용하다가 옥수수 가공품으로 원료를 변경하는 경우 위해 요소 분석을 해야 하나요?

원료 특징과 종류, 제조 공정, 위해 정보 등을 검토해 종전의 원료와 비교하여 위해 요소가 추가적으로 도출이 필요한 경우 법적 기준, 연구 자료, 시험 성적서 등 과학적 근거 자료를 토대로 위해 요소를 분석하고 HACCP 기준서에 반영해야 합니다.

출처 : 식품의약품안전처 식품안전나라 홈페이지

8장

바리스타 자격시험
연습 문제와
답안 해설

1 다음은 커피나무의 생육조건에 대한 설명이다. 틀린 것은?

① 커피나무는 적도를 기준으로 북위 23.5°와 남위 23.5° 사이에 주로 분포한다.

② 커피나무는 해발 700m 이하에서도 잘 자란다.

③ 우리나라에서 커피나무가 자라기 어려운 것은 서리 때문이다.

④ 강한 햇볕에 취약한 커피나무를 보호하기 위해 그늘 경작법을 한다.

2 다음은 커피나무의 특징에 대한 설명이다. 틀린 것은?

① 커피나무는 약산성 용암과 화산재가 풍부한 토양을 선호한다.

② 아라비카 품종이 로부스타보다 높은 고도에서 자란다.

③ 상대적으로 고위도 지역은 저위도 지역보다 높은 고도에서 재배가 가능하다.

④ 커피나무는 기온뿐만 아니라 일조량, 강수량, 토양, 고도의 영향을 받는다.

3 다음은 커피나무의 품종과 특징에 대한 설명이다. 틀린 것은?

① 커피나무는 심고 3~4년이 지나면 꽃이 피고 열매를 맺는다.

② 커피나무의 품종은 크게 아라비카, 로부스타, 리베리카로 구분
한다.

③ 열매에는 씨앗이 항상 두 개 들어 있다.

④ 커피의 어원은 카와kahwa와 카파Kaffa에서 왔다는 설이 있다.

4 다음은 커피에 대한 설명이다. 틀린 것은?

① 전 세계 커피 생산량의 약 70%는 아라비카다.

② 아라비카 품종의 원산지는 콩고다.

③ 로부스타가 아라비카보다 병충해에 강하다.

④ 리베리카는 다른 품종에 비해 맛이 떨어지나 수확량은 더 많다.

5 다음은 커피나무의 특징에 대한 설명이다. 틀린 것은?

① 생두를 파종하면 싹이 트고 수년 뒤 열매가 맺힌다.

② 커피나무의 꽃은 재스민이나 치자 향이 난다.

③ 커피나무는 품종에 따라 2m에서 15m까지 자란다.

④ 생두 한 알의 질량은 0.15~0.2g이다.

6 다음은 커피나무에 대한 설명이다. 맞는 것은?

① 커피나무는 가지치기할 필요가 없다.

② 커피 체리는 모두 선홍빛이다.

③ 커피나무의 수령은 20~25년이다.

④ 커피 씨앗을 심으면 분갈이할 필요가 없다.

7 다음은 커피에 대한 설명이다. 틀린 것은?

① 커피는 염소를 치는 목동 칼디 발견설이 유력하다.

② 커피는 발견 당시부터 생두를 볶은 뒤 추출해서 즐겼다.

③ 13세기 세이크 오마르는 커피 열매를 달여 전염병 치료에 썼다.

④ 인도의 몬순 커피는 16세기 승려 바바 부단에 의해 시작됐다.

8 다음은 커피에 관한 설명이다. 사실이 아닌 것은?

① 세계 최초로 식민지 커피 농장을 조성한 나라는 네덜란드다.

② 인도네시아 자바섬에 이식한 커피나무 품종은 로부스타다.

③ 남미의 마르티니크섬에 커피나무를 처음 이식한 사람은 드 클리외다.

④ 태양왕 루이 14세는 죽기 1년 전 암스테르담 시장에게서 커피나무 묘목을 선물 받았다.

9 다음 설명 중 사실과 다른 것은?

① 세계 최초의 인스턴트커피는 일본계 미국인 가토 사토리가 발명했다.

② 에스프레소 머신을 처음 발명한 사람은 이탈리아의 안젤로 모리온도다.

③ 종이 필터를 사용한 핸드 드립은 1908년 독일의 멜리타 벤츠 여사가 시작했다.

④ 세계 최대 커피 프랜차이즈 스타벅스는 하워드 슐츠가 창업했다.

10 다음 설명 중 사실과 다른 것은?

① 커피 체리는 기후와 관계없이 1년에 한 번 수확이 가능하다.

② 같은 지역에서 생산된 생두라도 주 수확기가 부 수확기보다 품질이 좋다.

③ 커피를 생산하는 나라는 소비하는 나라보다 경제적으로 저개

발국이다.

④ 커머셜 생두 값은 시카고 상품거래소에서 결정된다.

11 다음은 커피 체리를 수확하는 방법에 대한 설명이다. 틀린 것은?

① 열매를 수확하는 방법은 크게 따내기와 훑기가 있다.

② 훑기는 따내기에 비해 수확한 생두의 품질이 떨어진다.

③ 농장의 규모가 클수록 훑기보다 따내기가 효율적이다.

④ 데리카데이라스Derricadeiras는 포르투갈어로 '수확기'를 뜻한다.

12 다음 설명 중 사실과 다른 것은?

① 세계에서 커피를 가장 많이 생산하는 나라는 브라질이다.

② 인도네시아가 베트남보다 커피를 많이 생산한다.

③ 온두라스의 커피 등급은 SHG, HG, CS로 나뉜다.

④ 커피 생산량에 영향을 주는 기후 요인은 크게 엘니뇨와 라니냐다.

13 다음 설명 중 사실과 다른 것은?

① 세계에서 커피를 가장 많이 소비하는 나라는 미국이다.

② 우리나라는 캐나다보다 커피를 많이 소비한다.

③ 세계에서 1인당 커피 소비량이 가장 많은 나라는 핀란드다.

④ 대표적인 커피 병충해는 커피녹병과 커피베리보러다.

14 다음은 커피녹병에 대한 설명이다. 사실과 다른 것은?

① 커피나무 잎 뒷면에 뽀얗게 내려앉은 것으로, 곰팡이 균사처럼 보인다.

② 요즘에는 치료법이 생겨 발생해도 퇴치 가능하다.

③ 헤밀리아라는 곰팡이성 병원균이 원인이며, 아라비카 품종이 취약하다.

④ 19세기 후반 실론섬과 인도네시아 자바섬의 커피나무를 초토화했다.

15 다음은 로부스타 커피나무에 대한 설명이다. 틀린 것은?

① 19세기 후반 로부스타 커피나무를 처음 발견한 사람은 에밀 로랑이다.

② 아라비카 품종에 비해 생육조건이 덜 까다롭다.

③ 아라비카 품종에 비해 쓴맛이 덜하고 수확량도 많다.

④ 지금은 인도네시아와 베트남 등지에서 많이 재배한다.

16 다음은 커피 프로세싱에 대한 설명이다. 사실과 다른 것은?

① 커피 체리를 생두로 만드는 일련의 과정을 정제라고 한다.

② 커피 체리의 구조는 외과피, 과육, 점액질, 내과비, 은피, 생두 순이다.

③ 과육을 벗기는 것을 헐링hulling, 내과피를 제거하는 것을 펄핑pulping이라고 한다.

④ 정제법은 품종과 산지의 환경에 따라 건식법과 습식법으로 나뉜다.

17 다음 설명 중 사실과 다른 것은?

① 종자로 쓸 것이 아니라면 내과피를 제거해야 한다.

② 건식법으로 정제한 것이 습식법으로 정제한 것보다 내과피를 제거하기 어렵다.

③ 헐러는 크게 마찰을 이용하는 프릭션과 충격을 이용하는 임팩트로 나뉜다.

④ 은피를 얼마나 잘 제거했느냐는 생두 품질에 영향을 줄 수 있다.

18 다음은 생두의 등급에 대한 설명이다. 틀린 것은?

① 생두는 크기와 비중에 따라 분류하고 등급을 매긴다.

② 생두 크기가 작으면 비중과 관계없이 낮은 등급을 받는다.

③ 1스크린 크기는 1/64인치로 약 0.4mm다.

④ 케냐의 커피 등급은 E, AA, AB로 나누며, 가장 높은 등급은 E다.

19 다음은 건식법에 대한 설명이다. 사실과 다른 것은?

① 상대적으로 공정이 단순하고 비용이 적게 드는 방식이다.

② 물이 부족한 지역에서 많이 채택한다.

③ 주로 아라비카 품종을 정제할 때 쓰인다.

④ 밤이 되면 새벽이슬을 맞을 수 있어 천막을 덮어준다.

20 다음은 습식법에 대한 설명이다. 틀린 것은?

① 주로 물이 많은 지역에서 적합하며, 습식법으로 처리한 것을 마일드라고 한다.

② 건식법에 비해 복잡하며, 시설을 갖추는 데 비용이 많이 든다.

③ 습식법은 물을 많이 사용하나, 발효 과정을 거치지 않는다.

④ 습식법은 깔끔한 맛과 신맛이 좋은 커피를 얻을 수 있다.

21 다음은 정제법에 대한 설명이다. 사실과 다른 것은?

① 반습식법의 탄생 배경과 2008년 코스타리카 강진은 무관하다.

② 펄프를 제거하는 습식법과 점액질 일부를 남기는 건식법이 있다.

③ 화이트 허니는 점액질을 10%만 남겨 건조한다.

④ 블랙 허니는 점액질을 대부분 남겨놓고 건조하는 방식이다.

22 다음은 카페인에 대한 설명이다. 틀린 것은?

① 카페인은 독일의 화학자 페르디난트 룽게가 1819년 처음 발견했다.

② 로부스타 품종이 아라비카 품종보다 카페인 함량이 적다.

③ 카페인의 반감기는 건강한 성인을 기준으로 4시간이다.

④ 건강한 성인의 카페인 1일 허용치는 300~400mg이다.

23 다음은 디카페인에 대한 설명이다. 사실과 다른 것은?

① 디카페인을 만드는 방법은 용매를 쓰는 것과 쓰지 않는 것으로 나뉜다.

② 디카페인 커피를 처음 만든 사람은 독일의 커피 상인 루트비히 로젤리우스다.

③ 스위스워터프로세스는 유기농 커피의 카페인 제거에 많이 쓰인다.

④ 디카페인 생두는 일반 생두보다 로스팅이 까다롭지 않다.

24 다음은 생두에 대한 설명이다. 사실과 다른 것은?

① 생두의 등급은 커머셜, 프리미엄, 스페셜티, 마이크로랏 등으로 나눌 수 있다.

② 통상 생산 면적이 좁을수록 단위면적당 사람 손이 많이 가서

생두의 품질이 좋다.

③ 커피 한 잔에 결점두 몇 개가 포함돼도 맛에는 큰 영향을 미치지 않는다.

④ 결점두에는 미성숙한 것, 벌레 먹은 것, 곰팡이가 핀 것 등이 포함된다.

25 다음은 프리미엄 커피에 대한 설명이다. 틀린 것은?

① 세계 3대 프리미엄 커피 중 하나는 하와이안코나엑스트라팬시다.

② 자메이카블루마운틴은 영국 여왕에게 진상되면서 유명해졌다.

③ 프리미엄 커피는 엄격한 품질관리와 감독 아래 생산한 질 좋은 커피를 말한다.

④ 예멘모카마타리는 깊은 향과 지나치지 않은 단맛이 좋으나, 신맛이 약하다.

26 다음은 스페셜티 커피에 대한 설명이다. 사실과 다른 것은?

① 미국스페셜티커피협회에서 정한 품질 기준을 만족한 커피를 말한다.

② 외면적 평가와 관능적 평가 중 한 가지만 정한 기준을 통과하면 된다.

③ 외면적 평가는 생두 305g 중에 결점두가 8개 이하여야 한다.

④ 관능적 평가는 로스티드 그레이딩이라 하며, 80점 이상 획득해야 한다.

27 다음 설명 중 사실에 부합한 것은?

① 파나마의 게이샤 커피는 파나마의 게차라는 지명에서 유래했다.

② 커피는 티나 와인과 달리 감당할 만한 사치품이라 '어포더블

럭셔리'라고도 한다.

③ 스페셜티 커피 중 가장 비싼 것은 인도네시아의 루왁이다.

④ 프리미엄 커피가 스페셜티 커피보다 품질이 좋다.

28 다음은 공정 무역 커피에 대한 설명이다. 틀린 것은?

① 공정 무역은 1946년 푸에르토리코에서 생산한 커피에서 시작됐다.

② 커피를 생산비 이상으로 구매해 농가 생계에 도움이 된다.

③ 저금리 선불 융자를 지원해 농가가 빚더미로 파산하는 것을 막아준다.

④ 공정 무역 커피의 여러 장점이 있는데도 시대 변화에 따라 한계가 존재한다.

29 다음은 커피나무에 대한 설명이다. 사실과 다른 것은?

① 물이 잘 빠지고 질소, 인, 칼륨 등 영양분이 풍부한 흙이 좋다.

② 물은 봄부터 가을보다 겨울에 많이 준다.

③ 한여름에는 장시간 직사광선에 노출되지 않도록 주의한다.

④ 올해 열매를 맺은 가지는 내년에 휴지기에 들어간다.

30 다음은 로스팅에 대한 설명이다. 사실과 다른 것은?

① 볶음도가 높을수록 쓴맛이 강해지고 신맛은 약해진다.

② 로스팅은 시각, 후각, 청각이 총동원되는 정밀한 작업이다.

③ 로스팅 후 부피는 증가하나 질량은 감소한다.

④ 로스팅은 기계에 따라 큰 차이가 없으며, 프로파일도 변하지 않는다.

31 다음은 로스팅 시 생두의 물리적·화학적 변화에 대한 설명이다. 틀린 것은?

① 고산지대에서 자란 생두는 저지대에서 자란 생두보다 조밀도가 높고 단단해서 변화 양상이 느리다.

② 로스팅 시 풋내가 단내로 바뀌는데, 이는 마이야르 반응 때문이다.

③ 캐러멜화는 커피의 대표적인 화학반응으로, 효소가 관여하지 않는 갈변의 일종이다.

④ 신 향을 높이려면 댐퍼를 열고, 낮추려면 댐퍼를 닫는다.

32 다음은 로스팅 단계에 대한 설명이다. 사실과 다른 것은?

① 일본은 8단계, 북미 지역은 9단계, 미국스페셜티커피협회는 6단계를 사용한다.

② 우리나라는 일본의 영향을 많이 받아 8단계를 많이 사용한다.

③ 8단계 중 가장 낮은 단계는 '시나몬 로스트'로, '옐로 빈'이라고도 한다.

④ '하이 로스트'는 핸드 드립과 에어로프레스 등을 즐기기에 적합한 볶음도다.

33 다음은 수동식 로스터에 대한 설명이다. 틀린 것은?

① 대표적인 수동식은 팬, 수망, 통돌이가 있다.

② 여러 배치를 할 경우 팔에 무리가 갈 수 있다.

③ 로스팅 중 은피가 분리되면서 생두에 붙으면 불쾌한 탄 맛의 원인이 된다.

④ 수망은 가장 오래되고 기본에 충실한 로스터로, 에티오피아에서 많이 사용한다.

34 다음은 기계식 로스터에 대한 설명이다. 잘못된 것은?

① 기계식은 방식에 따라 직화식, 반열풍식, 열풍식으로 나뉜다.

② 직화식은 화원이 생두에 직접 닿아 볶이는 것으로, 초보자에게 적합하다.

③ 반열풍식은 드럼 내의 생두가 전도와 대류, 복사에 따라 볶이는 구조다.

④ 열풍식은 뜨거운 공기로 생두를 볶는 것으로, 깔끔한 맛이 특징이다.

35 다음은 싱글 오리진에 대한 설명이다. 틀린 것은?

① 싱글 오리진 커피의 의미는 농장, 지역, 나라까지 확장해서 사용된다.

② 싱글 오리진은 블렌딩에 비해 향과 맛이 부족하다.

③ 에스프레소 추출 시 한 가지 원두의 특징적인 맛을 표현할 수 있다.

④ 싱글 오리진은 맛, 차별화, 카페 마케팅에 도움이 될 수 있다.

36 다음은 원두에 대한 설명이다. 사실과 다른 것은?

① 커피는 맛taste과 향aroma의 복합적인 결과물favor로 평가한다.

② 플레이버에 영향을 미치는 주요한 세 가지는 바디감, 산미, 밸런스다.

③ 산미는 시큼한 맛을 의미하며, 좋은 커피에서는 느껴지지 않는다.

④ 과테말라 커피 품종은 고도에 따라 SHB, HB, SH, EPW, PW로 나뉜다.

37 다음은 나라별 원두의 특징에 대한 설명이다. 틀린 것은?

① 베트남은 세계 2위 커피 산지이며, 아라비카 품종이 대부분이다.

② 브라질은 세계 최대 커피 산지이며, 대표적인 산지는 세하도, 술지미나스 등이 있다.

③ 에티오피아는 대부분 건식법으로 생두를 정제하나, 이르카체페 등은 습식법이다.

④ 콜롬비아는 마일드 커피라고도 하며, 밸런스가 좋은 커피로 유명하다.

38 다음은 커핑에 대한 설명이다. 맞는 것은?

① 커핑은 관능적 평가라고도 하며, 향미를 평가해 수치화한 것이다.

② 커머셜 생두와 스페셜티 생두는 커핑의 목적이 같다.

③ 커핑 시 원두는 가능한 한 곱게 분쇄하는 것이 좋다.

④ 단맛은 설탕처럼 직관적인 맛으로, 쓴맛 뒤에 오는 달콤한 느낌이다.

39 다음은 블렌딩에 대한 설명이다. 틀린 것은?

① 블렌딩이란 원두를 두 가지 이상 섞는 것을 말한다.

② 블렌딩 시 많은 원두를 섞을수록 좋은 맛을 기대할 수 있다.

③ 평소 각종 원두에 대한 커피 데이터를 축적하면 도움이 된다.

④ 볶기 전에 섞는 것을 선 블렌딩, 볶은 뒤 혼합하는 것을 후 블렌딩이라 한다.

40 다음은 원두의 보관 방법에 대한 설명이다. 사실과 다른 것은?

① 원두의 산패는 생산과정에서 가장 많이 일어난다.

② 원두를 포장하는 방법에는 밸브 포장, 진공 포장, 질소 포장 등이 있다.

③ 분쇄한 원두는 홀 빈보다 표면적이 넓어 산패가 빨리 진행된다.

④ 강 볶음한 원두는 그렇지 않은 원두에 비해 산패 속도가 빠르다.

41 다음 설명 중 사실과 다른 것은?

① 유통기한을 넘긴 제품을 판매한 자는 최대 3개월 영업정지를 당할 수 있다.

② 판매하지 않는 제품이라도 보관하다가 적발되면 처벌된다.

③ 통상적으로 유통기한은 소비 기한보다 길다.

④ 맛있는 기한은 원두처럼 향미의 손실이 큰 제품에 쓰인다.

42 다음은 커피 추출에 대한 설명이다. 사실과 다른 것은?

① 흔히 '매시'라고 하는 분쇄한 커피 입자의 크기가 일정할수록 좋다.

② 입자가 클수록 추출 속도는 빨라지고, 작을수록 느려진다.

③ 추출 속도는 물의 위치에너지와 압력에 비례한다.

④ 용액은 용매와 용질의 합이며, 분쇄한 원두는 용매다.

43 다음 설명 중 사실과 다른 것은?

① 농도는 용액에 들어 있는 용질의 양을 나타내는 비율로, 단위는 mg/ℓ를 쓴다.

② 수율은 투입한 양에 대한 완성된 양의 비율로, 백분율을 사용한다.

③ 추출 수율이 높을수록 커피 맛이 좋다.

④ 물의 온도가 높을수록 운동에너지가 증가해 단위시간에 추출

량이 증가한다.

44 다음은 수동식 그라인더에 대한 설명이다. 틀린 것은?

① 수동식 그라인더는 사람의 팔 힘으로 작동하는 것으로 절구, 맷돌, 커피밀 등이 있다.

② 절구는 깨지지 않는 한 반영구적으로 사용할 수 있으나, 분쇄도를 조절할 수 없다.

③ 맷돌은 원두 투입량을 조절해 분쇄도를 조절할 수 있다.

④ 커피밀은 휴대가 편하고, 금속 홈과 원형 추의 간격으로 분쇄도를 조절할 수 있다.

45 다음은 기계식 그라인더에 대한 설명이다. 틀린 것은?

① 사람의 힘이 아니라 모터로 원두를 분쇄하는 것을 말한다.

② 분쇄도가 일정한 기계식 그라인더가 좋은 그라인더다.

③ 기계식 그라인더 선택 시 가장 중요한 것은 분당 회전수다.

④ 스페셜티 원두를 쓰는 카페라면 쿨링 모터가 달린 그라인더를 고려해야 한다.

46 다음은 기계식 그라인더의 칼날에 대한 설명이다. 사실과 다른 것은?

① 그라인더의 칼날은 플랫 버와 코니컬 버로 나뉜다.

② 날의 크기와 분쇄량은 상관관계가 없다.

③ 그라인더의 날은 일정 사용량이 지나면 새것으로 교체해야 한다.

④ 티타늄이 스테인리스강보다 비싸고, 오래 사용할 수 있다.

47 기계식 그라인더가 전원은 들어오는데 아예 작동하지 않는 경우 해결책은?

① 콘덴서가 불량이니 새것으로 교체한다.

② 모터가 고장 난 것이니 새것으로 교체한다.

③ 그라인더를 새것으로 교체한다.

④ 그라인더 칼날에 걸린 원두를 제거한다.

48 다음은 물에 대한 설명이다. 틀린 것은?

① 육지의 물 가운데 가장 많은 것은 지하수다.

② 물의 특징은 무색, 무취, 무미하다는 것이다.

③ 높은 산 정상에서 물은 $100\,^{\circ}\text{C}$ 이하에서 끓는다.

④ 물 분자는 수소 원자 두 개와 산소 원자 한 개로 구성된다.

49 다음은 물의 무기물질에 대한 설명이다. 사실과 다른 것은?

① 칼슘은 커피의 유기산과 결합해 좋은 신맛을 중화한다.

② 마그네슘과 칼륨은 부드러운 물맛에 영향을 미친다.

③ 잔류 염소가 $0.5\text{mg}/\ell$라면 커피의 향기 성분에 영향을 미치지 않는다.

④ 물은 무기물질 함량에 따라 연수, 중경수, 경수로 구분한다.

50 다음은 온도와 커피 맛의 차이에 대한 설명이다. 틀린 것은?

① 뜨거운 커피 음료는 물의 온도가 높을수록 좋다.

② 커피의 쓴맛은 물의 온도와 비례하는 경향이 있다.

③ 커피의 신맛은 물의 온도와 반비례하는 경향이 있다.

④ 물의 온도가 커피의 근본적인 맛까지 영향을 미치진 않는다.

51 다음은 연수기에 대한 설명이다. 사실과 다른 것은?

① 연수기는 지하수 같은 경수를 양이온교환수지 과정을 거쳐 연수로 만든다.

② 연수기는 한번 설치하면 별도 관리 필요 없이 반영구적으로 쓸 수 있다.

③ 섬이나 바닷가에 있는 카페라면 연수기가 필수적이다.

④ 경수를 쓰는 곳에서 연수기를 설치하지 않으면 커피 머신의 수명을 단축한다.

52 다음은 정수기에 대한 설명이다. 틀린 것은?

① 정수기는 물의 성분 중 사람이 마시기에 적합하지 않은 불순물을 거른다.

② 저장형은 저장 중 세균이 번식할 우려가 있다.

③ 정수 방식은 필터의 종류에 따라 역삼투압, 중공사막, 활성탄 등으로 구분한다.

④ 정수 필터는 사용량에 따라 교체하며, 사용 기간과 무관하다.

53 다음은 핸드 드립에 대한 설명이다. 사실과 다른 것은?

① 푸어 오버는 교반과 침지가 없는 반면, 핸드 드립은 있을 수도 있다.

② 종이 필터를 사용하는 핸드 드립은 독일의 멜리타 벤츠 여사가 시작했다.

③ 일본은 핸드 드립 도구와 드립 방법의 발전에 크게 이바지했다.

④ 1980년대 일본에서 커피를 공부한 분들이 국내에 핸드 드립을 들여왔다.

54 다음은 핸드 드립 도구에 대한 설명이다. 틀린 것은?

① 핸드 드립을 위해서는 드립 포트, 서버, 드리퍼, 필터가 필요하다.

② 종이 필터는 기름을 거르는 반면에 깔끔한 맛이 특징이다.

③ 헝겊 필터는 기름까지 추출해 몽글몽글하고 묵직한 맛이 특징이다.

④ 칼리타 드리퍼는 추출구가 한 개이며, 역사다리꼴이다.

55 다음은 핸드 드립 방법에 대한 설명이다. 사실과 다른 것은?

① 물을 따르는 모양과 접촉면의 크기에 따라 나선형, 동전형, 점 드립으로 구분한다.

② 상대적으로 묵직한 커피 맛을 강조하려면 물을 여러 번 끊어서 추출한다.

③ 분쇄도가 작을수록 추출 속도가 빠르고, 좋은 커피 맛을 기대할 수 있다.

④ 분쇄한 원두를 필터에 붓고 평평하게 하는 것을 레벨링이라 한다.

56 다음은 핸드 드립에 대한 설명이다. 틀린 것은?

① 물이 95℃가 넘으면 불쾌한 쓴맛이 난다.

② 물이 75℃ 이하가 되면 떫은맛이 나기 때문에 주의한다.

③ 뜸을 들이는 이유는 분쇄한 원두를 불려 추출을 준비하기 위해서다.

④ 분쇄한 원두에 붓는 물의 양은 커피 맛에 영향을 미치지 않는다.

57 다음은 에스프레소 머신에 대한 설명이다. 사실과 다른 것은?

① 안젤로 모리온도는 세계 최초로 에스프레소 머신을 만들었으며, 실물이 남아 있다.

② 세계 최초의 싱글 샷 에스프레소 머신을 만든 사람은 루이지 베제라다.

③ 에스프레소 머신 대중화에 기여한 사람은 데시데리오 파보니로, '라 파보니' 시리즈가 유명하다.

④ 피스톤식 에스프레소 머신을 발명한 사람은 아킬레 가지아다.

58 다음은 에스프레소 머신에 대한 설명이다. 틀린 것은?

① 크레마는 피스톤식 에스프레소 머신에 이르러 탄생했다.

② 에스프레소 머신은 증기압식, 피스톤식, 전동 펌프식 순으로 발전했다.

③ 일체형 보일러가 독립형 보일러보다 안정적인 추출이 가능하다.

④ 최근에는 멀티형 보일러를 장착한 하이엔드급 머신이 등장했다.

59 다음은 에스프레소 머신의 외부 구조와 특징에 대한 설명이다. 틀린 것은?

① 보일러가 없는 저가의 가정용 머신은 서모블록이 물을 데운다.

② 그룹 헤드에 히팅 코일 장착 유무에 따라 일체형 보일러와 독립형 보일러로 구분한다.

③ 스팀 노즐 아래 있는 스팀이 나오는 구멍은 수시로 청소해야 한다.

④ 에스프레소 머신의 온수기는 아메리카노를 만들 때 수시로 사용한다.

60 다음은 에스프레소 머신에 대한 설명이다. 사실과 다른 것은?

① 그룹 헤드는 그룹, 개스킷, 샤워 홀더, 샤워로 구성된다.

② 개스킷은 반영구적으로 쓸 수 있는 부품이다.

③ 샤워 홀더와 샤워는 커피 기름이 끼기 때문에 마감 시 청소한다.

④ 샤워는 오래 사용해서 커피 기름이 굳어 구멍이 막히면 새것
으로 교체한다.

61 다음은 에스프레소 머신에 대한 설명이다. 틀린 것은?

① 바스켓은 오래 사용할 경우 미세한 금이 가서 추출에 나쁜 영
향을 줄 수 있다.

② 추출 펌프의 정상 범위는 9기압 내외며, 대개 압력계는 0~16
기압으로 표시된다.

③ 보일러 압력의 정상 범위는 3기압 내외며, 기계에 따라 다르다.

④ 에스프레소 머신의 전원은 ON&OFF나 이진수(0, 1)다.

62 다음은 에스프레소 머신의 내부 구조와 특징에 대한 설명이다. 틀린
것은?

① 스팀 밸브는 오래 사용하면 내부가 마모돼 레버를 잠가도 미
세하게 샐 수 있다.

② 보일러부는 온수 밸브, 히터, 보일러, 공기밸브, 수위 센서 등
으로 구성된다.

③ 머신을 오래 사용하면 보일러 등에 이물질이 끼어 분해 점검
해야 한다.

④ 공기밸브는 보일러 내부 물의 양을 일정하게 조절하는 장치다.

63 다음은 에스프레소 머신의 부품에 대한 설명이다. 사실과 다른 것은?

① 과압 방지 밸브는 보일러 압력이 1.5기압을 초과할 경우 압력을 낮추는 장치다.

② 펌프 모터는 물을 커피 추출에 적합한 9기압 내외로 높이는 장치다.

③ 펌프 모터의 압력이 지나치게 높으면 헤드 나사를 시계 방향으로 돌린다.

④ 플로미터는 추출 시 물의 양을 감지하는 장치로, 불량 시 추출 시간이 길어질 수 있다.

64 다음 설명 중 사실과 다른 것은?

① 프렌치 프레스는 21세기에 발명된 커피 도구로, 사용법이 간편하다.

② 프렌치 프레스는 스틸 본체, 유리 본체, 손잡이, 프레스, 프레스 필터로 구성된다.

③ 에어로프레스는 휴대용 공기압 추출 도구로, 깔끔한 커피 맛이 특징이다.

④ 에어로프레스는 플런저, 체임버, 필터 캡, 종이 필터, 필터 보관대 등으로 구성된다.

65 다음은 프렌치 프레스 사용법에 대한 설명이다. 틀린 것은?

① 우유의 지질이 거품 형성에 관여하므로 저지방우유를 사용한다.

② 추출이 끝나면 커피를 모두 잔에 따라야 불필요한 추출이 일어나지 않는다.

③ 프레스의 상하 운동으로 거품이 만들어진다.

④ 필터는 매일 사용할 경우 일주일에 1회 이상 분해해서 씻어야 한다.

66 다음은 클레버 드립에 대한 설명이다. 사실과 다른 것은?

① 드리퍼 하단의 구멍을 실리콘 링으로 막아 원두를 물에 불려 추출하는 방식이다.

② 핸드 드립과 프렌치 프레스의 장점을 두루 갖춘 드립 방법이다.

③ 물의 온도와 추출 시간으로 신맛과 쓴맛을 어느 정도 조절할 수 있다.

④ 같은 양의 원두로 바디감을 좀 더 높이기 위해서는 분쇄도를 크게 한다.

67 다음은 모카 포트에 대한 설명이다. 틀린 것은?

① 모카 포트는 커피와 주전자의 합성어로, 1933년 알폰소 비알레티가 발명했다.

② 보일러, 안전밸브, 커피 바스켓, 바스켓 필터, 개스킷, 평면 필터, 컨테이너로 구성된다.

③ 종이 필터를 사용하면 커피 기름 성분을 거를 수 있어 좀 더 깔끔한 맛이 난다.

④ 가열한 모카 포트는 단열이 잘돼 손으로 표면을 잡아도 화상 우려가 없다.

68 다음은 베큠 포트에 대한 설명이다. 사실과 다른 것은?

① 베큠 포트는 독일의 로에프Loeff가 20세기 이후에 발명한 멋스러운 커피 도구다.

② 증기압과 진공, 중력을 이용하는 커피 추출법이다.

③ 베큠 포트는 사이펀 현상을 이용하며, 사이펀은 그리스어로 '파이프' '튜브'를 뜻한다.

④ 추출 과정을 관찰할 수 있어 멋스러우나 청소와 관리가 어렵다.

69 다음은 베큠 포트의 사용법에 대한 설명이다. 틀린 것은?

① 커피를 추출하는 순서는 필터 고정하기, 뜨거운 물 붓기, 버너 가열, 상단 유리 챔버 고정, 분쇄한 원두 붓기, 버너 화력 조절, 커피 따르기다.

② 베큠 포트는 멋스러움을 강조하는 추출 도구이므로, 알코올램프만 사용한다.

③ 하단 유리 볼의 물이 끓기 시작하면 상단 유리 챔버를 하단 유리 볼과 수직으로 세워 틈이 없게 한다.

④ 추출 시간을 줄이기 위해 미리 끓인 물을 하단 유리 볼에 붓는다.

70 다음은 캡슐 커피와 캡슐 커피 머신에 대한 설명이다. 사실과 다른 것은?

① 2005년 크래프트푸즈가 처음 고안했으며, 에스프레소 머신과 작동 방식이 같다.

② 캡슐 커피는 분쇄, 도징, 탬핑 과정이 생략돼 간편하다.

③ 캡슐은 어떤 캡슐 커피 머신과도 호환된다.

④ 캡슐 상·하단에 구멍이 뚫리고, 고압의 뜨거운 물이 원두를 통과하면서 추출된다.

71 다음 중 맛있는 커피 맛을 결정하는 네 가지 요소가 아닌 것은?

① 흠 없고 신선한 생두를 고른다.

② 추출 방법에 맞는 로스팅을 한다.

③ 실력 있는 바리스타의 추출이 필수적이다.

④ 커피를 마시는 사람의 기분과 태도는 무관하다.

72 다음 중 커피 메뉴에 대한 설명으로 틀린 것은?

① 메뉴 이름은 재료의 결합, 생긴 모양, 추출 시간으로 결정된다.

② 카페라테와 카페모카는 두 가지 이상 재료의 합으로 메뉴 이름을 정했다.

③ 카페라테와 카페오레는 재료가 다르다.

④ 스페인에서는 카페라테를 카페콘레체라고 한다.

73 다음은 커피 메뉴에 대한 설명이다. 사실과 다른 것은?

① 카페모카는 에스프레소, 초콜릿 소스, 우유, 휘핑크림으로 만든다.

② 마키아토는 우리말로 '작은' '귀여운'이란 뜻이다.

③ 카푸치노는 카푸친회 수도사의 헐거운 옷 모양과 닮아 지은 이름이다.

④ 에스프레소룽고보다 에스프레소리스트레토가 쓴맛이 덜하다.

74 다음 중 에스프레소에 대한 설명으로 틀린 것은?

① 고온과 고압으로 짧은 시간에 추출한 커피 원액이다.

② 사용하는 원두 양에 따라 솔로, 도피오로 나뉜다.

③ 추출 시간에 따라 리스트레토, 룽고로 나뉜다.

④ 에스프레소에 휘핑크림을 올린 것을 에스프레소마키아토라고 한다.

75 다음은 우유에 대한 설명이다. 사실과 다른 것은?

① 우유는 암소의 젖으로, 저온살균 과정을 거친다.

② 135~150°C에서 2~5초 살균한 것을 멸균우유라고 한다.

③ 탈지 공정을 거친 우유는 지방 함량에 따라 탈지우유와 저지방우유로 구분한다.

④ 우유를 먹으면 배앓이하는 것은 체내에 락타아제가 많아서다.

76 다음은 우유 스티밍에 대한 설명이다. 틀린 것은?

① 스팀 피처는 뜨거울수록, 우유는 차가울수록 스티밍의 결과물이 좋다.

② 스티밍이란 우유를 데우고 거품을 내고 섞는 과정이다.

③ 스팀 피처는 스테인리스 재질이며, 아래가 넓고 위로 갈수록 좁아지는 형태다.

④ 스팀 행주는 위생을 위해 수시로 빨아 사용해야 한다.

77 다음 중 에스프레소의 추출 속도에 영향을 덜 미치는 것은?

① 분쇄한 원두의 양　　　② 탬핑의 세기

③ 원두의 분쇄도　　　　④ 탬핑 여부

78 다음은 카페라테와 카푸치노에 대한 설명이다. 틀린 것은?

① 카페라테와 카푸치노의 차이는 우유 거품의 양이다.

② 카푸치노는 거품을 만드는 방법에 따라 카푸치노스쿠로와 카푸치노치아로로 나뉜다.

③ 고운 거품은 지방과 공기를 감싼 단백질이 녹으면서 형성된다.

④ 우유는 40°C 이상에서도 단백질 변형이 일어나지 않는다.

79 다음은 카페모카와 캐러멜마키아토에 대한 설명이다. 틀린 것은?

① 카페모카는 다른 커피에 비해 카페인 함량이 상대적으로 적다.

② 카페모카는 초콜릿 소스 외에 휘핑크림을 올리기도 한다.

③ 캐러멜마키아토에서 마키아토는 '얼룩진' '강조한'이란 뜻이다.

④ 캐러멜은 설탕과 우유를 달여서 만든 것으로, 부드럽고 오묘한 단맛이 특징이다.

80 다음은 사케라토에 대한 설명이다. 틀린 것은?

① 사케라토는 이탈리아어로 '흔드는'이란 뜻이다.

② 사케라토에는 에스프레소 외에 얼음과 시럽을 넣는다.

③ 사케라토는 칵테일 잔이나 바닥이 넓고 깊이가 낮은 유리잔에 내는 게 좋다.

④ 사케라토를 만들 때는 셰이커 대신 블렌더를 사용하는 게 좋다.

81 다음은 상온 추출 커피에 대한 설명이다. 사실과 다른 것은?

① 더치 커피 혹은 콜드 브루라고도 하며, 점적식과 침출식이 있다.

② 상온 추출 방식이라 오염원에 노출될 경우 세균이 번식할 수 있다.

③ 상온 추출 커피에는 카페인이 거의 없다.

④ 더치 커피의 기원은 네덜란드 선원설과 인도네시아 로부스타 설이 있다.

82 다음 중 상온 추출 커피에 대한 설명으로 틀린 것은?

① 핸드 드립보다 곱게 분쇄한 원두를 종이나 헝겊 필터를 깐 커피 탱크에 붓고, 상온의 물로 장시간 접촉해 추출한다.

② 에스프레소와 비해 상대적으로 맛이 부드럽고, 냉장 보관하면 장기간 보관할 수 있다.

③ 점적식은 침출식보다 깔끔하고 정갈한 맛이 특징이다.

④ 추출 시간에 따라 커피 추출이 결정되기 때문에 농도를 조절하기 어렵다.

83 다음 커피 메뉴 개발에 관한 내용이다. 틀린 것은?

① 변하는 고객의 취향에 부합하기 위해 메뉴 개발은 필수적이다.

② 메뉴의 수는 많을수록 좋다.

③ 특별한 메뉴보다 기본 메뉴에서 파생되는 것부터 시작한다.

④ 종전 재료를 어떻게 조합하고 만드느냐에 따라 근사한 메뉴가 되기도 한다.

84 다음 중 이슬람의 산물로 여겨지던 커피를 공인한 교황은?

① 요한 바오로 1세   ② 클레멘스 8세

③ 필립 2세   ④ 요한 바오로 2세

85 다음은 로부스타 품종에 대한 설명이다. 사실과 다른 것은?

① 해발 800m 이하에서도 생육이 가능하다.

② 아라비카 품종보다 병충해에 강하다.

③ 그루당 생산량이 아라비카 품종보다 적다.

④ 카페인 함량이 아라비카 품종보다 많다.

86 19세기에 발명된 진공과 증기압을 이용하는 추출법은 무엇인가?

① 베큠 포트   ② 핸드 드립

③ 푸어 오버   ④ 에스프레소

87 다음 중 에스프레소 도피오를 추출하기에 적당한 원두의 양은?

① 6~7g   ② 12~13g

③ 15~16g   ④ 20~21g

88 에스프레소 솔로를 추출했는데 크레마 양이 너무 많았다. 다음 중 그 원인으로 적당한 것은?

① 너무 신선한 원두를 사용했다.

② 그라인더의 분쇄도가 너무 작았다.

③ 탬핑의 세기가 너무 강했다.

④ 그라인더의 분쇄도가 지나치게 컸다.

89 에스프레소를 추출하기에 가장 적당한 온도는?

① 77~80°C   ② 82~85°C

③ 87~90°C   ④ 92~95°C

90 다음 중 에스프레소룽고의 양으로 가장 적당한 것은?

① 20~25ml   ② 30~35ml

③ 40~45ml   ④ 45~50ml

91 다음은 에스프레소 메뉴다. 쓴맛이 가장 강한 것은?

① 에스프레소 솔로   ② 에스프레소 도피오

③ 에스프레소리스트레토   ④ 에스프레소룽고

92 에스프레소 머신의 추출 속도가 평소보다 빨랐다. 그 원인으로 틀린 것은?

① 포터 필터 바스켓의 물기를 닦지 않고 도징 후 추출했다.

② 도징 시 원두의 양을 평소보다 적게 담았다.

③ 평소보다 너무 오래되고 기름기가 많은 원두를 사용했다.

④ 탬핑을 하지 않고 그룹에 포터 필터를 장착했다.

93 다음은 같은 메뉴에 대해 나라마다 부르는 이름이다. 잘못된 것은?

① 카페라테   ② 카페콘레체

③ 카페오레   ④ 카페콘파냐

94 스티밍 후 우유 온도가 낮고 비릿했다. 그 원인으로 맞는 것은?

① 저지방우유를 사용했다.

② 스팀 밸브를 너무 늦게 닫았다.

③ 스팀 세기가 너무 강했다.

④ 스팀 밸브를 너무 일찍 닫았다.

95 다음은 그라인더에서 분쇄한 원두를 포터 필터에 담는 행위에 대한 설명이다. 맞는 것은?

① 도징이라고 하며, 정량을 신속하게 담아야 한다.

② 도징이라고 하며, 가능한 한 많이 담아야 한다.

③ 레벨링이라고 하며, 가능한 한 평평하게 담아야 한다.

④ 레벨링이라고 하며, 가능한 한 정확하게 담아야 한다.

96 다음은 로스팅에 대한 설명이다. 사실과 다른 것은?

① 원두는 계획한 볶음도에 맞게 볶아야 한다.

② 산소 부족을 유발할 수 있으므로 환기에 신경 써야 한다.

③ 탬퍼를 담아야 생두의 풋내를 제거할 수 있다.

④ 1차 크랙 시 센터 컷이 벌어지고, 2차 크랙 시 표면 주름이 펴진다.

97 다음은 생두에 대한 설명이다. 틀린 것은?

① 수확한 지 1년 미만인 생두는 뉴 크롭이라 한다.

② 수확한 지 1년 이상~2년 미만인 생두는 패스트 크롭이라 한다.

③ 수확한 지 2년 이상 된 생두는 올드 크롭이라 한다.

④ 수확한 지 2년 이상 된 생두는 사용할 수 없다.

98 다음 메뉴 중 재료의 합으로 정한 이름이 아닌 것은?

① 카페라테　　　　　　　② 캐러멜마키아토

③ 카페모카　　　　　　　④ 에스프레소콘파냐

99 다음 중 바람직한 바리스타의 행동으로 적절치 않은 것은?

① 고객이 메뉴를 정하지 못하면 적당한 메뉴를 추천한다.

② 항상 위생에 신경 쓰고, 복장을 단정히 한다.

③ 메뉴를 가능한 한 빨리 만드는 데 집중한다.

④ 평소 커피 메뉴 제조 연습을 게을리하지 않는다.

100 다음은 카페인과 반감기에 대한 설명이다. 사실과 다른 것은?

① 건강한 성인의 1일 카페인 허용치는 약 300mg이다.

② 건강한 성인의 카페인 반감기는 8시간이다.

③ 콜라와 초콜릿에도 카페인이 들었다.

④ 녹차보다 홍차에 카페인이 많다.

답안 해설 100문항

1 ② 커피나무는 해발 700m 이하에서 자라기 어렵다.

2 ③ 상대적으로 고위도 지역은 저위도 지역보다 낮은 고도에서 재배할 수 있다.

3 ③ 열매에 씨앗이 한 개나 두 개 들었으며, 한 개만 든 것을 피베리라고 한다.

4 ② 아라비카 품종의 원산지는 에티오피아, 로부스타 품종의 원산지가 콩고다.

5 ① 생두가 아니라 파치먼트를 파종해야 한다.

6 ③ 커피나무는 가지치기가 필수적이다. 커피 체리는 노란색도 있다. 1년에 한 번이나 두 번 분갈이해야 한다.

7 ② 커피를 발견할 당시에는 열매를 끓여 마셨으며, 생두를 볶아서 추출해 마신 것은 한참 뒤의 일이다.

8 ② 18세기 초 네덜란드가 인도네시아 자바섬에 심은 커피나무 품종은 아라비카다.

9 ④ 스타벅스는 하워드 슐츠가 인수해서 지금과 같이 성장시켰다.

10 ① 커피 체리는 기후에 따라 1년에 두 번 수확하기도 한다.

11 ③ 농장 규모가 클수록 따내기보다 훑기가 효율적이다.

12 ② 베트남은 세계 2위 커피 생산국으로, 인도네시아보다 생산량이 많다.

13 ② 캐나다가 우리나라보다 커피를 많이 소비한다.

14 ② 커피녹병은 지금도 딱히 치료법이 없어, 한번 발생하면 농장에 치명적인 피해를 준다.

15 ③ 로부스타 품종은 아라비카 품종보다 쓴맛이 강하고 수확량이 많다.

16 ③ 과육을 벗기는 것을 펄핑, 내과피를 제거하는 것을 헐링이라고 한다.

17 ② 건식법으로 정제한 것보다 습식법으로 정제한 것이 내과피를 제거하기 어렵다.

18 ② 생두가 작아도 비중이 크면 높은 등급을 받기도 한다.

19 ③ 건식법은 로부스타 품종을 정제할 때 많이 쓰인다.

20 ③ 습식법은 물을 많이 사용하고 발효 과정을 거친다.

21 ① 반습식법은 2008년 코스타리카에 강진이 발생하면서 당면한 물 문제를 해결하는 과정에 탄생한 새로운 정제법이다.

22 ② 로부스타 품종이 아라비카 품종보다 카페인 함량이 많다.

23 ④ 디카페인 생두는 함수율이 적어 일반 생두보다 로스팅이 무척 까다롭다.

24 ③ 결점두는 커피 맛에 나쁜 영향을 미치기 때문에 볶기 전에 골라내야 한다.

25 ④ 예멘모카마티리는 신맛이 매력적인 커피다.

26 ② 스페셜티 커피는 외면적 평가와 관능적 평가 모두 정한 기준을 통과해야 한다.

27 ② 게이샤는 에티오피아의 게차라는 지명에서 유래했다. 인도네시아의 루왁은 스페셜티 커피가 아니다. 프리미엄 커피는 스페셜티 커피보다 품질이 좋을 수도, 그렇지 않을 수도 있다.

28 ① 공정 무역은 1946년 푸에르토리코에서 생산한 바느질 제품에서 시작됐다.

29 ② 토양에 물은 겨울보다 봄부터 가을에 많이 준다.

30 ④ 로스팅은 기계에 따라 차이가 있으며, 프로파일도 절대적인 것이 아니다.

31 ④ 신 향을 높이려면 탬퍼를 닫고, 낮추려면 탬퍼를 연다.

32 ③ 8단계 중 가장 낮은 단계는 '라이트 로스트'로, '옐로 빈'이라고도 한다.

33 ④ 팬은 가장 오래되고 기본에 충실한 로스터로, 에티오피아 커피 세러머니에서 많이 사용한다.

34 ② 직화식은 화원이 생두에 직접 닿아 볶이는 것으로, 초보자가 하기 어렵다.

35 ② 싱글 오리진이 블렌딩보다 향과 맛이 떨어지진 않는다.

36 ③ 신맛은 청량감이 느껴지는 개운하고 상큼한 맛으로, 스페셜티 커피에서 강조된다.

37 ① 베트남은 세계 2위 커피 산지이며, 로부스타 품종이 대부분이다.

38 ① 커머셜 생두는 일정한 수준의 커피인지 평가하기 위해서, 스페셜티 생두는 차별화된 향미의 요소를 찾아내기 위해서 커핑을 한다. 커핑 시 원두는 핸드 드립보다 조금 거칠게 분쇄한다. 단맛은 설탕처럼

직관적인 맛이 아니라 쓴맛 뒤에 오는 달콤한 느낌이다.

39 ② 블렌딩 시 많은 원두를 섞는다고 좋은 맛을 기대할 수 있는 것은 아니다.

40 ① 원두는 보관·소비하는 과정에서 산패가 많이 일어난다.

41 ③ 통상적으로 소비 기한이 유통기한보다 길다.

42 ④ 용액은 용매와 용질의 합이며, 분쇄한 원두는 용질이다.

43 ③ 추출 수율이 높다고 커피 맛이 좋은 것은 아니다. 일정 수준 이상의 추출 수율은 기관과 사람에 따라 선호도가 다르다.

44 ② 절구는 깨지지 않는 한 반영구적으로 사용할 수 있으며, 공이의 강약으로 분쇄도를 조절할 수 있다.

45 ③ 기계식 그라인더를 선택할 때, 굵기 조절에 따라 일정한 분쇄도가 가능해야 한다는 점이 가장 중요하다.

46 ② 칼날의 클수록 원두와 닿는 면적이 넓어 분쇄량이 많다.

47 ② 모터가 불량이므로 모터 부품을 새것으로 교체한다.

48 ① 육지의 물 가운데 약 70%는 빙하다.

49 ③ 잔류 염소가 $0.3mg/\ell$ 이상이면 커피의 향기 성분에 영향을 미친다.

50 ① 뜨거운 커피 음료를 만들 때 물의 온도는 계절에 따라 달리하는 게 좋다.

51 ② 연수기는 연수를 일정량 생산하면 이온교환반응 효율이 떨어진다. 소금으로 세척하면 예전처럼 다시 사용할 수 있다.

52 ④ 정수 필터 교체는 사용량과 사용 기간에 영향을 받는다. 보통 설치

하고 1년이 지나면 허용 사용량 이하라도 새것으로 교체해야 한다.

53 ① 핸드 드립은 교반(휘젓기)과 침지(물에 담가 적시기)가 없는 반면, 푸어 오버는 있을 수도 있다.

54 ④ 칼리타 드리퍼는 추출구가 세 개다.

55 ③ 분쇄도가 작을수록 추출 속도가 느리며, 좋은 커피 맛과 상관관계는 적다.

56 ④ 분쇄한 원두에 붓는 물의 양은 커피 맛에 영향을 미친다.

57 ① 안젤로 모리온도의 에스프레소 머신은 설계도만 남아 있다.

58 ③ 독립형 보일러가 일체형 보일러보다 안정적인 추출이 가능하다.

59 ④ 에스프레소 머신의 온수기를 수시로 사용하면 커피 추출에 영향을 미칠 수 있다.

60 ② 개스킷은 경화되면 부서지므로 새것으로 교체해야 한다.

61 ③ 보일러 압력의 정상 범위는 1~1.5기압이며, 기계에 따라 크게 다르지 않다.

62 ④ 공기밸브는 보일러 내부 공기의 양을 조절하는 장치다.

63 ③ 펌프 모터의 압력이 지나치게 높으면 헤드 나사를 시계 반대 반향으로 돌리고, 압력이 낮으면 헤드 나사를 시계 방향으로 돌린다.

64 ① 프렌치 프레스는 20세기 초에 발명된 커피 도구로, 사용법이 간단하다.

65 ① 우유의 지질이 거품 형성에 관여하므로, 일반 우유가 저지방우유보다 거품을 내기 쉽다.

66 ④ 같은 양의 원두로 바디감을 높이려면 분쇄도가 더 작아야 한다.

67 ④ 가열한 모카 포트의 표면은 무척 뜨거워서, 화상에 주의해야 한다.

68 ① 베큠 포트는 독일의 로에프가 1830년대에 발명한 커피 도구다.

69 ② 베큠 포트는 화력이 약한 알코올램프보다 가스버너를 사용하는 게 효과적이다.

70 ③ 캡슐은 브랜드에 따라 달라서 호환이 안 되기도 한다.

71 ④ 커피의 맛은 마시는 사람의 기분과 태도에 따라 영향을 받는다.

72 ③ 카페라테와 카페오레의 재료는 에스프레소와 우유로 같다.

73 ② 마키아토는 이탈리아어로 '얼룩진' '강조한'이란 뜻이다.

74 ④ 에스프레소에 휘핑크림을 올린 것은 에스프레소콘파냐다.

75 ④ 우유를 마시고 배앓이하는 까닭은 체내에 락타아제가 부족하기 때문이다.

76 ① 스팀 피처와 우유가 차가울수록 스티밍의 결과물이 좋다.

77 ④ 탬핑 여부는 나머지 셋보다 에스프레소의 추출 속도에 영향을 덜 미친다.

78 ④ 우유는 40℃에서 단백질 변형이 일어나므로, 공기를 신속하게 주입해야 한다.

79 ① 카페모카는 에스프레소에 초콜릿 소스까지 들어가기 때문에 다른 커피보다 카페인 함량이 많다.

80 ④ 사케라토를 만들 때는 편리한 블렌더 대신 셰이커를 사용하는 게 좋다.

81 ③ 상온 추출 커피에도 카페인이 있다.

82 ④ 추출 시간을 조절해서 커피의 농도를 조절할 수 있다.

83 ② 메뉴의 수가 많다고 좋은 것은 아니며, 감당할 만한 수준으로 정해야 한다.

84 ② 231대 교황 클레멘스 8세(1592년 1월 30일~1605년 3월 3일 재위)가 커피에게 세례를 주고 공인함으로써 유럽에 본격적으로 커피가 도입되고 소비가 늘었다.

85 ③ 그루당 생산량은 로부스타 품종이 아라비카 품종보다 많다.

86 ① 베큠 포트이며, 핸드 드립과 푸어 오버는 방법이 조금 다를 뿐 근본은 같은 추출법이다.

87 ③ 에스프레소 솔로는 7~8g, 도피오는 15~16g이 적당하다.

88 ① 그라인더의 분쇄도가 너무 작거나 탬핑의 세기가 너무 강하면 추출 속도가 느려져 추출 시간이 길어진다. 반대로 그라인더의 분쇄도가 지나치게 크면 추출 속도가 빨라져 추출 시간이 짧아진다.

89 ④ 92~95℃가 적당하다.

90 ④ 에스프레소룽고는 의미대로 길게 추출한 에스프레소 메뉴다. 45~50㎖가 적당하다.

91 ④ 에스프레소는 다른 조건이 같은 경우, 추출 시간이 길면 쓴맛이 강하다.

92 ③ 원두가 오래되고 기름기가 많을수록 추출 속도는 느려진다.

93 ④ 카페콘파냐를 제외하고 모두 같은 메뉴다.

94 ④ 스팀 밸브를 너무 일찍 닫으면 적정 온도가 되지 않아 비릿할 수 있으며, 반대로 너무 늦게 닫으면 텁텁할 수 있다.

95 ① 도징이며, 정확하고 신속하게 담아야 한다.

96 ③ 중간에 탬퍼를 충분히 열어야 생두의 풋내를 제거할 수 있다. 그러나 너무 오래 열어두면 향이 손실될 수 있다.

97 ④ 수확한 지 2년이 지난 생두라고 사용할 수 없는 건 아니다. 온도와 습도를 조절해 수십 년간 보관하는 에이징 기술도 있다.

98 ② 캐러멜마키아토는 '캐러멜 소스로 얼룩지게 하다'라는 뜻으로, 재료의 합이 아니라 겉모양으로 정한 메뉴 이름이다.

99 ③ 바쁠 때 메뉴를 빨리 제조하는 것도 실력이지만, 빨리 만드는 데 집중하는 것은 바람직한 바리스타의 행동과 다소 거리가 있다.

100 ② 건강한 성인의 카페인 반감기는 4시간이다.

별걸 다 가르쳐주는
구쌤의 일대일
커피 수업

펴낸날 2021년 9월 30일 초판 1쇄
지은이 구대회
만들어 펴낸이 정우진 강진영 김지영
꾸민이 Moon&Park(dacida@hanmail.net)
펴낸곳 04091 서울시 마포구 토정로 222 한국출판콘텐츠센터 420호
편집부 (02) 3272-8863
영업부 (02) 3272-8865
팩 스 (02) 717-7725
이메일 bullsbook@hanmail.net / bullsbook@naver.com
등 록 제22-243호(2000년 9월 18일)

황소걸음
Slow & Steady
ISBN 979-11-86821-62-6 03570
ⓒ구대회 2021